맛있어서 평생 습관 되는 \디디미니의/ 다이어트 레시피

맛있어서 평생 습관 되는 \디디미니의/ 다이어트 레시피

미니 박지우 지음

@dd.mini
70kg
→
48kg

지방 쏙
근육 탄탄
탄단지 요리

빅피시
BiG FISH

다이어트를 내 몸과
마음의 건강을 찾아가는
건강한 여정으로
만들어 드릴게요.

22kg을 감량하고 건강하게 유지하며 생활한 지도 벌써 10년 차가 되었어요.

태어날 때부터 통통하게 태어나 항상 통통에서 뚱뚱을 넘나들었던 저의 10대와 20대 초반은 온갖 다이어트와 요요로 얼룩져 있던 시간이에요. 원푸드다이어트부터 몸을 혹사하는 모든 다이어트를 하며 감량에 성공한 적도 있지만, 결국 유지에는 실패하고 말았죠. 단기간에 먹지 않고 살을 뺐으니 금세 살이 붙는 건 당연한 결과였어요. 제가 했던 다이어트는 누가 봐도 건강에 무리가 가는 방법이었기에 식이장애가 생겼고, 다이어트를 반복할수록 요요가 심해지더니 건강에 적신호가 켜지고 말았어요.

그렇게 시행착오를 겪으며 20대 중반이 되었고, 비로소 저는 건강한 다이어트를 해보기로 마음먹었어요. 극단적인 다이어트만 했던 제게 건강한 다이어트란 '꾸준히 지속할 수 있도록 나에게 맞는 다이어트 식단을 찾는 것'이었어요. 지난날을 되새겨 보니 맛없는 다이어트식만 콩알만큼 먹으며 감량하면 목표 체중엔 빠르게 도달할지라도, 언젠가는 입이 터지며 더 큰 요요가 올 것을 경험을 통해 알고 있었거든요.

먹는 걸 좋아해서 살이 찐 만큼, 건강한 식재료 안에서 맛 좋은 조합을 찾아내는 건 자신 있었어요. 그래서 맛있게 먹으며 살을 빼는 것이야말로 저에게 가장 현실적인 방법이라 판단했죠. 예상대로 맛있게 먹으면서 다이어트를 하니 스트레스받는 일도 거의 없었고, 마침내 식단으로만 22kg 감량에 성공했습니다.

다이어트 초반에는 감량하는 과정의 즐거움을 느끼기보다는 요요를 최대한 막는 것과 날씬해져서 원하는 옷 입기를 가장 큰 목표로 삼았어요. 처음에는 예쁜 옷을 입을 수 있어서 좋았지만, 외적인 만족과 행복은 찰나에 불과했어요. 오히려 즐거운 마음으로 나를 위해 건강한 요리를 하는 시간이 늘어갈수록 그 만족감은 외적인 요소보다 이루 말할 수 없이 컸어요. 몸매뿐만 아니라 건강을 다시 되찾고 마음마저 긍정적으로 변한 것 또한 큰 성과이고요.

인생의 반 이상을 다이어터로 살아왔고, 몸을 상하게 하는 거듭된 다이어트로 건강을 잃었던 제가 건강한 식사를 차리고, 운동을 평생 습관으로 만든 지도 어느새 10년이 되었어요. 30대 중반이 된 현재는 적정 체중을 유지하고 있고, 10년간 근육량을 조금씩 늘리며 7kg을 증량했습니다. 신체 나이 또한 20대 초반일 정도로 건강해진 건 물론이고요.

날씬한 몸과 더불어 건강한 체력까지 얻으며 제가 깨달은 점은 다이어트에는 '시작과 끝이 존재하면 안 된다는 것'이에요. 너무 숨 막히는 이야기처럼 들리나요? 맛없는 것만 먹고 몸을 혹사하며 '감량'에만 초점을 맞춘 것을 다이어트라 한다면 그렇게 생각할 수 있을 거예요.

하지만 10년 차 다이어터이자 유지어터인 제가 전하고 싶은 다이어트란, 건강해지고 날씬해지는 습관을 평생 내 것으로 만드는 '자기 관리'를 뜻해요.

제가 20대에서 30대가 되며 감량하고 유지하는 동안, 50대에서 60대가 되신 어머니도 저와 함께 디디미니 식단을 함께했어요. 이 과정을 통해 어머니는 건강한 식사를 평생 습관으로 만들며 17kg을 감량했어요. 게다가 당뇨 초기 판정을 받았던 과거가 무색하게 혈당이 안정되었고 혈압이 정상 범위로 돌아왔어요. 이러한 변화를 지켜보면서 다이어트가 단순히 체중 감량 이상의 의미를 가진다는 것을 다시금 깨닫기도 했습니다.

진심과 노력을 꾹꾹 눌러 담아 다이어트 레시피 북을 꾸준히 출간한 지도 벌써 7년째가 되었어요. 이번 6번째 요리책《디디미니의 평생 습관 되는 다이어트 레시피》도 건강한 식재료를 바탕으로 맛과 영양을 모두 챙길 수 있도록 구성했습니다. 특히 간단하면서도 손쉽게 만들 수 있어 바쁜 일상에서도 실천하기 쉬운 레시피를 알려 드리려고 애썼어요. 새로운 레시피는 물론이고 미니의 식탁에 자주 오르는 단골 메뉴, 감량에 도움을 주었던 메뉴 등 살을 뺄 때와 유지할 때 효과를 본 메뉴를 우선하여 선정했어요. 밥, 빵, 면, 국물, 메인요리, 디저트 등 풍성한 요리를 통해 여러분도 맛있게 먹으며 감량하는 재미와 함께 내 몸이 건강해지는 뿌듯함을 즐기길 바랍니다. 그 과정에서 행복을 느끼며 꾸준히 자신을 관리할 수 있는 습관이 다이어트가 된다면 저는 더할 나위 없이 기쁠 거예요.

이 책을 통해 많은 분이 다이어트를 '고통스러운 감량의 과정'이 아닌 '즐거운 자기 관리의 여정'으로 인식하게 되길 바라요. 여러분의 식탁에 오를 건강한 한 끼가 몸과 마음을 행복하게 채워 주길, 그리고 그 과정을 통해 여러분의 삶이 더 건강하고 활기차게 변화하길 응원합니다.

2024년 6월
디디미니 드림

디디미니의 편리한 밥숟가락 계량

디디미니 레시피의 모든 계량은 밥숟가락을 사용하고 종이컵으로 계량했어요.
'큰술'과 '컵', 'g'과 'ml'까지 표기했으니 밥숟가락이나 계량스푼 등 가지고 있는 도구를
사용하세요. 1큰술은 15g/15ml, 1컵은 200ml 기준이에요.

1큰술 = 15g/ml

1/2큰술 = 7~8g/ml

1컵 = 200g/ml

1/2컵 = 100g/ml

1줌(30~50g)

Contents

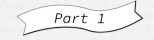

Part 1

식비가 줄어드는 냉장고 파 먹기

초간단 냉파 요리

양배추달걀피자 ▶ 030

달걀양파덮밥 ▶ 032

참치머스터드비빔면 ▶ 034

시금치컵오믈렛 ▶ 036

김치순두부탕 ▶ 038

팽이크림파스타 ▶ 040

Part 2

항산화 효과로 피부부터 좋아지는 노화 방지 메뉴
디톡스 요리

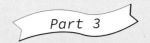

Part 3

맛있게 먹으면서 스트레스 해소하는 감량 비법
속세맛 요리

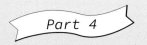

Part 4

귀차니스트를 위한 초스피드 비빔밥 & 원팬 메뉴
한 그릇 요리

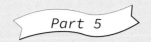

Part 5

김밥, 샌드위치 등 포만감이 오래가는
도시락

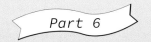

Part 6

단백질로 든든하게, 설탕 없이 달콤하게
제로 간식 & 디저트

디디미니의 감량 비법 & 10년 유지 습관

디디미니가 22kg를 감량하며 지킨 원칙과 10년 동안 근육량을 늘리고
체력을 키워 더욱 건강해질 수 있었던 비결을 소개해요.

⊘ 공복 물 1잔+영양제 복용+하루 1.5L 이상의 물 마시기

기상 후 공복에 마시는 미지근한 물 1잔은 우리 몸의 신진대사와 혈액순환의
활성화를 도와요. 장운동을 활발하게 해줘 배변 활동을 촉진하고, 밤새 몸속에
쌓인 노폐물을 배출하게 해주죠. 단, 자고 일어난 후에는 입속에 세균이 많으니 꼭
물로 입을 헹구거나 양치 후 물을 마시도록 해요.
물을 마신 후에는 유산균 등 공복에 먹으면 유익한 영양제를 챙겨 먹어요.
정수기 옆에 영양제를 미리 두거나 나만의 하루 영양제 루틴을 만들면 좋아요.
제가 복용했던 영양제는 24쪽에 자세히 설명했으니 참고하세요. 공복 물 1잔을
시작으로 틈틈이 물 1잔씩을 더해가며 하루에 총 1.5~2L의 물을 마셔 몸속에
수분이 부족하지 않도록 해요.

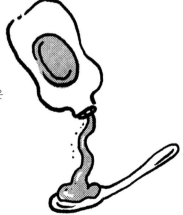

⊘ '액상과당'만은 꼭 끊기

다이어트 최대의 적, 액상과당이 함유된 달콤한 음료를 과감히 끊어요. 액상과당은
체내에서 설탕보다 지방으로 빠르게 전환되고, 포만감을 유발하는 호르몬인 렙틴
생성을 억제해 허기를 쉽게 느끼게 해요. 건강해 보이는 과즙 100%의 과일주스도
원재료를 보면 액상과당이 함유된 제품이 대부분이니 꼭 확인해요.
최근에 유행하는 제로 음료 또한 뇌를 자극해 식욕을 유발하고 대사증후군의
위험도를 높이며 장내 환경의 불균형을 초래한다고 해요. 되도록 가끔만 먹고,
탄산수나 콤부차 등으로 대체해요.

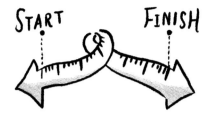

◎ 다이어트의 시작과 끝을 정하지 않기

피치 못하게 단기간에 감량해야 하는 중요한 일정이 아니라면, 다이어트의 시작과 끝나는 기간을 정해두지 않아요. "그럼, 평생 다이어트를 하란 말이야?" 하며 실망할 수도 있어요. 하지만 지속 가능한 식단과 운동, 날씬한 몸매를 만드는 건강한 습관을 내 것으로 만들어 자기 관리를 하는 것이 요요 없는 최고의 다이어트 방법이에요.

◎ 일상에서 틈새 활동량을 늘리고 운동 스케줄을 정해 두기

주변에 살이 안 찌는 사람들을 관찰하면 끊임없이 움직이는 모습을 볼 수 있을 거예요. 그래서 일상에서 조금 부지런히 움직여 보니 시간을 내서 하는 유산소운동 이상의 효과가 나더라고요. 가까운 거리는 대중교통 대신 빠르게 걷거나 따릉이를 이용하기, 식사 후 곧바로 눕거나 앉지 않고 산책하기, 화장실에 갈 때마다 간단하게 스트레칭 하기 등 일상 속 틈새운동을 습관으로 만들어 잉여 에너지를 태워요. 또한 일과 중 무리하지 않는 선에서 운동 일정을 미리 정해 두고 운동선생님 혹은 나 자신과의 약속을 지키기 위해 노력해요.

◎ 나만의 하루 건강 루틴을 만들고 기록하기

초보 다이어터 시절의 감량 성공 비법을 묻는다면 1초의 고민도 없이 '기록하기'라고 말할 거예요. 하루의 식단과 운동 그리고 몸과 마음의 변화 등을 다양한 방법으로 기록하는 건 생각보다 굉장한 힘이 돼요. 혼자 보는 다이어리를 작성하거나 SNS에 다이어트 계정을 만들어도 좋아요. 저도 다이어트를 기록하기 위해 만든 인스타그램 @dd.mini 계정이 지금까지 이어져 오는 거랍니다. 기록하는 다이어트에 어느 정도 적응하면, 나만의 크고 작은 건강한 루틴이 만들어졌을 거예요. 저는 아침에 눈뜨면 바로 스트레칭 후 정수기 앞으로 가는 것, 주말에 많이 먹고 늘어지는 하루를 보내더라도 게으름을 끊어내기 위해 월요일 아침에는 일찍 운동 스케줄을 잡고 16시간 공복을 지키며 다시 건강한 일상으로 돌아오는 것 등을 루틴으로 정해 실천하고 있어요.

양배추

가격이 저렴하고, 양도 많고, 싱싱하게 오래 보관할 수
있는 양배추는 디디미니 레시피의 단골 식재료예요.
위장에 좋은 비타민 U가 풍부해 속이 편하고 식이섬유
또한 풍부해 포만감도 좋아요.

미역

다이어트 중에 꼭 필요한 영양소인 칼슘, 식이섬유가 풍부해 변비 해소에
가장 효과적이었던 고마운 식재료예요. 미역을 불려 양파, 식초 등을 섞어
미역초무침을 잔뜩 만들어 두면 반찬으로 먹기 좋고, 오트밀죽 등 국물이
있거나 끓이는 요리에 넣으면 적은 양으로도 포만감을 주며 음식의 깊은
맛까지 살려줘요.

비트

혈관 건강과 변비 해소에 좋은 채소로 되도록
익혀 먹어야 소화 흡수가 쉬워요. 비트의 껍질을
벗겨 당근과 함께 찐 후에 사과를 넣고 갈아 만든
ABC 주스는 뱃살을 없애주는 메뉴로도 유명하죠.
비트 손질이 힘들다면 껍질을 제거하고 다진
비트나 익힌 비트를 사서 만들거나, 식이섬유가
살아 있는 ABC 주스를 구입해도 좋아요.

오이

95%가 수분으로 이루어져 다이어트 하며 간식으로 먹기에도 부담이 없고, 밥, 빵, 면 등 어느 레시피에나 잘 어울려요. 상큼하고 시원한 맛, 아삭한 식감이 좋아 디디미니 레시피에도 많이 등장하죠. 오이를 못 먹는다면 참외나 파프리카, 오이맛고추나 풋고추 등으로 재료를 대체해서 만들어 봐요.

두유면

다이어트 중에는 밀가루면 대신 주로 곤약면을 먹었는데, 최근에는 곤약면 특유의 향이 나지 않는 두유면을 즐겨 사용해요. 두유액으로 만들어 탄수화물의 부담이 적고, 면의 질감도 일반 국수와 거의 유사한 데다 식이섬유가 풍부해 포만감이 좋아요. 물만 버리고 사용하면 되는 간편함도 큰 장점이에요.

현미곤약밥

다이어트 식단에서 가장 먼저 할 일은 밥의 양을 줄이는 것! 하지만 밥심으로 사는 한국인에겐 너무 어려운 일이죠. 그래서 저는 백미 대신 현미와 곤약을 섞은 현미곤약밥을 많이 먹어요. 탄수화물 함량은 일반 밥에 비해 절반이고 식이섬유가 풍부해 단백질과 함께 먹고 나면 든든한 한 끼가 돼요.

토마토

붉은색 라이코펜 성분이 풍부한 토마토는
나쁜 콜레스테롤이 체내에서 산화되는 것을
막고 동시에 활성산소를 배출해 세포의
노화를 방지하는 최고의 항산화 재료예요.
토마토의 영양분을 최대한 흡수하려면
생으로 먹기보다는 올리브유와 함께 익혀서
먹어요.

시금치

시금치에 풍부한 비타민 K와 칼륨, 베타카로틴은 염증
억제에 뛰어난 항산화 성분이에요. 시금치는 생으로 먹을
때 열에 민감한 영양소의 손실을 최소화할 수 있어 적당한
양이라면 생으로 먹어도 좋지만, 신장이나 장에 문제를
일으키는 옥살산 성분이 걱정될 때는 살짝 데치거나 볶아
먹어요.

낫토

콩으로 만든 낫토에는 이소플라본, 비타민, 미네랄, 칼슘 등이 풍부해요. 특히 콩을
발효시킬 때 생기는 끈끈한 점액질인 낫토키나아제는 혈전 용해 효소로 항산화에
좋은 성분이죠. 이 성분은 열에 약하니 생으로 섭취하는 게 좋고, 열을 가하는
요리에는 조리 후 마지막에 넣어 먹어요.

팽이버섯

마트에서 저렴하게 구할 수 있는 팽이버섯에는 몸의 산화를 줄이는 셀레늄, 비타민
B1·B2, 나이아신 그리고 변비와 다이어트에 좋은 식이섬유가 많이 들어 있어요.
세포벽이 단단하니 그대로 먹기보다는 잘게 썰어 먹어야 체내 흡수율이 높아져요.

카레(강황)

카레의 먹음직스러운 노란색과 깊은 맛을 내주는 강황에는
강력한 항산화 효능을 가진 폴리페놀 성분인 커큐민이
가득해요. 강황은 우리 몸의 해로운 활성산소를 없애주고
지방 축적을 억제해 몸무게 증가를 막아준다는 연구 결과도
있다고 해요. 채소와 단백질 재료를 듬뿍 넣고 카레를
만들거나, 카레가루를 양념으로 활용해 섭취해요.

향신채소(바질, 고수, 파슬리 등)

잎과 줄기가 식용과 약용으로 두루두루 쓰이는 허브는 웬만한
과일이나 채소보다 항산화 성분이 풍부해요. 일반식보다 간을
적게 하는 다이어트 요리에 허브나 다양한 향신채소를 더하면
맛과 향이 더욱 풍부해져 식사의 만족감이 올라가요.

가지

보라색 가지 껍질에 함유된
안토시아닌과 과육에서 주로
발견되는 클로로젠산, 이 두 가지
성분은 체내에서 항산화제의
역할을 해요. 또한 식이섬유,
나트륨과 혈당 조절에 탁월한
칼륨을 포함해 다이어트에 아주
이로운 채소랍니다. 가지는 찌거나
구워 먹으면 몸에 좋은 성분을 더욱
효과적으로 흡수할 수 있어요.

파슬리가루 & 크러쉬드레드페퍼 & 통깨

음식을 그릇에 담은 후 마지막에 다양한 토핑 재료를 뿌리면 담음새의
완성도가 올라가 식사할 때 기분도 맛도 더 좋게 느껴져요. 음식에 초록색이
부족하면 파슬리가루를, 매운맛을 더하고 싶을 땐 크러쉬드레드페퍼나
고춧가루를, 한식 메뉴에 고소함을 추가하고 싶다면 통깨를 뿌려 예쁘게
마무리해요.

달걀 & 퀵오트밀 & 치즈

이 세 가지 재료는 디디미니 다이어트 식단에서 즐겨 쓰는 것들이에요.
주로 탄수화물, 단백질, 지방의 영양 균형을 맞추는 주재료로
사용하지만, 때때로 재료의 특성을 활용해 꾸덕꾸덕한 질감을
내거나 반죽을 뭉치는 용도로 사용하기도 해요. 묽은 크림 요리에
퀵오트밀이나 치즈를 소량 넣으면 크림이 좀 더 진해지고, 밀가루로
만드는 빵 요리에 퀵오트밀이나 아몬드가루, 달걀을 함께 넣어 만들면
빵 질감이 폭신해져요.

토마토 & 토마토소스

토마토는 다이어트 요리에 건강한 감칠맛을 더하는 비법
재료예요. 저는 특히 김치를 활용한 요리를 할 때 자주
사용하는데요, 김치 요리에 토마토나 토마토소스를 약간만
넣으면 김치의 나트륨을 줄여주고 깊은 맛을 내줘요. 소스를
살 땐 설탕이 함유된 제품은 피하고, 토마토 함유량이 많고
식품첨가물이 없는 유기농 어린이용 파스타소스를 선택해요.

청양고추 & 양파 & 마늘

매운맛 채소 삼총사는 다이어트 시에 항상 준비해 놔요. 다이어트 중에는
짜고 자극적인 맛을 피해야 하는데, 그 허전함을 알싸한 맛의 채소가 채워
주거든요. 청양고추는 작게 잘라 냉동 보관하고, 양파는 껍질을 벗기고
뿌리를 제거해 씻지 않은 채로 자른 부분의 물기만 닦아 밀봉한 후 냉장
보관해요. 이렇게 양파의 껍질을 벗겨 보관하면 쉽게 무르지 않아 훨씬
오래 보관할 수 있답니다. 마늘은 보통 다져서 활용하는데, 한꺼번에
푸드프로세서로 다진 후 지퍼백에 평평하게 넣어요. 칼등으로 자르듯
눌러가며 1회 분량으로 칼집을 내 냉동 보관하면 똑똑 잘라 사용하기
편리해요.

무가당 식물성음료(스프라우드, 오틀리, 두유, 콩물 등)

동물성단백질은 평소에 닭가슴살, 훈제오리, 돼지고기 등의 육류로
충분히 섭취하고 있어서 우유가 필요한 크리미한 요리에는 우유 대신
식물성음료를 자주 활용해요. 한국인의 70%가 유당불내증을 가지고
있다는데, 식물성음료는 더부룩함 없이 속이 편해서 누구나 부담 없이
먹기 좋아요.

다이어트 할 때 챙겨 먹으면 좋은 영양제 & 먹을거리

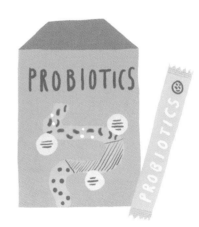

유산균

다이어트 시 유산균 섭취는 필수예요. 식이 패턴이 바뀌고 음식
섭취량이 줄어들면 변비를 겪을 수도 있는데, 이때 유산균이
장운동을 도와주거든요. 장내 환경이 건강해야 같은 양을 먹어도
살이 덜 찌는 체질로 개선된다는 것을 기억하세요.

멀티비타민

다이어트 중에는 먹는 양이 줄다 보니 영양소 섭취가 충분치 않을
수 있어요. 그래서 멀티비타민은 꼭 챙겨야 하는 것 중 하나예요.
신진대사에 필요한 비타민과 미네랄을 포함하고 있어 에너지 생산과
대사 활동을 높여 체지방 감소에 도움을 줘요.

콜라겐

체중을 감량하다 보면 피부 탄력이 떨어지는 경우도 있어요. 건강하고
예뻐지려고 하는 다이어트인데 탄력을 잃으면 안 되니 콜라겐을 챙겨 먹으면
좋아요. 관절 건강과 근육 보호에도 효과적이라 식단과 운동을 병행할 때도
좋아요. 체내 콜라겐은 20대 중반 이후부터 1%씩 감소해 40대에는 절반
이상 사라진다고 하니, 20~40대 다이어터에겐 필수 영양제로 추천합니다.

식물성프로틴파우더

프로틴파우더는 동물성보다 식물성제품을 섭취하길 권해요. 평소에
동·식물성단백질을 골고루 섭취해야 영양 균형을 맞춰 감량할 수 있는데,
동물성단백질은 대부분의 식단에서 육류로 보충할 수 있어요. 반면 식물성단백질은
부족할 수 있으니, 영양제처럼 루틴을 정해 신경 써서 챙겨 먹어요.

단백질과자

식단은 디디미니 레시피로 충분해도 가끔씩
편의점 과자처럼 바삭바삭한 일반 과자가
당길 때가 있죠. 이럴 때는 단백질 함량이
높은 제품으로 튀기지 않고 구워서 만든
과자를 선택해요. 요즘은 올리브영 같은
오프라인몰에서도 단백질과자를 쉽게 구할 수
있어요.

무가당검은콩물두유 & 견과류

식이섬유와 단백질 함량이 높은 두유와 견과류는 떨어지지
않도록 구비하고 먹는 영양 만점 다이어트 간식이에요. 적은
양으로도 포만감이 좋아 간식으로 과식하는 일이 없도록
도와줘요. 두유와 견과류 모두 당이 적거나 없는 제품을
선택해요.

부기에 좋은 차나 티백

적절한 수분 섭취는 다이어트는 물론이고 평소의 건강을 위한 필수적인
요소예요. 평소에 맹물을 마시기 어렵다면 부기를 빼주는 차나 카페인이
없는 보리차, 캐모마일 등 티백의 도움을 받아 물을 마시길 추천해요.

감량에 성공한 미니언쥬의 생생한 후기

6na
@6na_h_

♡ 디디미니 레시피는 밥, 빵, 국물, 디저트
 등 음식 종류가 많아 골고루 해 먹다 보니
 질리지 않았어요.
♡ 속세음식을 대체할 수 있어 다이어트를
 지속하기 쉬웠어요.
♡ 체중은 조금 오르락내리락했지만
 골격근량이 늘고 체지방이 줄었어요.
♡ 다이어트 50일 후 나 자신을 사랑하는
 마음과 스스로 돌보는 능력이 상승했어요.

장혜선
@sunny_h91

♡ 결혼 후 먹는 것으로 스트레스를 풀다가 70kg까지 올라갔던
 몸무게를 디디미니 오이김비빔밥을 시작으로 1년 안에 원상
 복귀했어요.
♡ 챌린지 기간인 50일간 매일 점심을 디디미니 식단으로 챙기며
 좋아하지 않던 낫토, 고수까지 맛있게 먹는 데 성공했어요.
♡ 다양한 메뉴 덕분에 질리지 않았고 만드는 과정도 너무 즐겁고
 행복했어요.
♡ 다이어트에 성공하고 유지하며 무엇이든 도전해서 목표를 이룰
 수 있겠다는 자신감을 얻었어요.

시간이 거꾸로 흐르는 사람
@button_torang

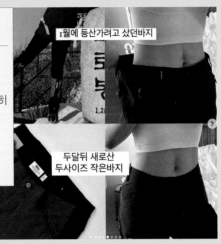

♡ 50일 동안 복부지방률과 내장지방 레벨이 낮아졌어요.

♡ 간편 냉동식으로 가득했던 냉장고가 색색의 채소들로 채워졌어요.

♡ 다이어트 한다고 무조건 약속을 피하지 않고 매일 잘 먹고 운동도 열심히
  했더니 에너지 넘치는 사람이라는 말을 자주 듣게 됐어요.

♡ 삼십 대 중반 이후 아주 오랜만에 느낀 다이어트의 치열함이 권태로운
  일상에서 벗어나는 환기점이 되었어요. 당신의 영광스러운 순간이
  언제냐고 물어보면 저는 지금이라고 답할 수 있습니다!

소루
@happy_woopy

♡ 매일 조금씩 줄어가는 몸무게와 전보다 잘록해진 허리선과 뱃살, 부기 빠진
  얼굴을 보며 '닭고야'가 아니더라도 다이어트가 가능하다는 걸 깨달았어요.

♡ 디디미니 & 미니언쥬와 함께하는 유산소 라방 덕분에 운동과 챌린지의
  묘미를 알게 되었고, 저를 돌아보며 긍정의 시너지 효과를 얻었어요.

♡ 감량을 위한 다이어트 요리지만 친구가 왔을 때도 해줄 수 있을 만큼 맛있는,
  고마운 레시피이니 꼭 도전해 보세요!

♡ 건강한 다이어트 습관이 필요하다면 '도·유·미(도전하자! 유산소운동!
  미니레시피!)'만 기억하세요.

빵이
@v_v.bbang2

♡ 지금껏 맞는 다이어트 방법을 못 찾았던 제가 스트레스 없이 3.6kg을 감량했어요.

♡ 다이어트와 요요의 반복 속에서 '나'를 우선순위에 두기로 약속하며 신선하고
  맛있는 식사를 실천했더니 매 순간이 설레고 행복했어요.

♡ 운동이 너무 싫었지만, 라방을 보며 함께 수다 떨고 응원하며 운동하다 보니
  함께하는 시간의 가치를 알게 되었어요.

♡ 앞으로도 하루 한 끼는 디디미니 레시피로 '킵 고잉' 하려고 하니 여러분도
  함께해요!

식비가 줄어드는
냉장고 파 먹기

PART 1

초간단
냉파 요리

양배추달걀피자

따끈한 치즈가 쭉쭉 늘어나는 피자는 밀가루로 만든 탄수화물 도우 때문에 다이어트 할 때 먹기 꺼려져요. 그래서 탄수화물 걱정 없는 건강 피자를 만들었어요. 밀가루 대신, 양배추와 달걀로 도우를 만들어 탄수화물을 줄이고 단백질을 늘린 피자는 속까지 편안한 데다 포만감도 오래 가요. 양배추가 있다면 무조건 만들길 추천해요.

○ 양배추 135g

○ 달걀 3개

○ 청양고추 2개

○ 슬라이스치즈 2장

○ 토마토소스 2큰술

○ 파슬리가루 약간

○ 올리브유 1큰술

1 양배추는 채 썰어 물기를 빼고, 고추는 송송 썰고, 달걀은 잘 푼다.

2 달군 팬에 올리브유 2/3큰술을 두르고 양배추, 고추를 넣어 양배추의 숨이 죽을 때까지 볶는다.

3 약불에서 볶은 채소를 평평하게 펼치고 올리브유 1/3큰술을 두른 다음, 달걀물을 둘러 붓고 익힌다.

4 달걀을 뒤집어 토마토소스를 바른 후 치즈를 찢어 토핑하고, 뚜껑을 덮어 치즈를 녹이고 파슬리가루를 뿌린다.

넓은 접시로 팬을 덮고 달걀을 뒤집으면 찢어지지 않게 뒤집을 수 있어요.

달걀양파덮밥

언제나 우리 집 냉장고를 채우고 있는 단골 식재료 달걀과 양파로
맛과 영양을 챙긴 초간단 덮밥을 만들 거예요. 저렴한 재료들로 식비를 줄여 주고,
휘리릭 만들수 있어 시간을 절약해 주니 앞으로 무척이나 자주 만들어 먹게 될 거라 장담해요.
대파도 살짝 넣고 냉장고 속 자투리 채소를 활용해서 나만의 덮밥도 만들어 봐요.

○ 현미밥 120g

○ 달걀 3개

○ 양파 1개

○ 대파 1/4대

○ 소금 약간

✦ 양념장

○ 고춧가루 1/2큰술

  (혹은 청양고춧가루)

○ 생수 4큰술

○ 간장 1½큰술

○ 알룰로스 1큰술

1 양파는 가늘게 채 썰고, 대파는 송송 썰고, 달걀은 소금을 넣어 잘 푼다.

2 양념장 재료는 잘 섞는다.

양념이 너무 졸아들면 물 1~2큰술을 추가하며 볶아요.

3 팬에 양파, 대파의 흰 부분, 양념장을 넣고 양파가 반투명해질 때까지 중불에서 볶는다.

4 달걀물을 둘러 붓고 남은 대파를 올린 다음, 뚜껑을 덮어 달걀을 촉촉하게 익혀 밥 위에 얹는다.

참치머스터드
비빔면

무더운 여름, 상큼하고 깔끔한 비빔면이 먹고 싶다면 참치머스터드비빔면을 추천해요.
칼로리, 탄수화물 걱정 없는 가벼운 두유면과 풍부한 단백질에 감칠맛을 돋우는 참치,
그리고 디디미니표 새콤달콤 고소한 머스터드소스의 조합이라면
여느 한식 레스토랑 못지않은 고급스런 맛으로 입맛도 건강도 사로잡을 수 있어요.

- 두유면 1봉(150g)
- 참치통조림 1개(100g)
- 양파 1/6개(35g)
- 노랑미니파프리카
  1/2개(25g)
- 빨강미니파프리카
  1/2개(25g)
- 대파채 1줌(45g)
- 라임 1조각(얇게 썬 것)
- 들기름 1큰술

✦ 소스
- 다진 마늘 1/2큰술
- 홀그레인머스터드 1큰술
- 무가당검은콩물두유 3큰술
  (혹은 무가당두유, 콩국물)
- 간장 1큰술
- 사과식초 1큰술
- 라임즙 1큰술
- 알룰로스 2/3큰술

1 양파는 가늘게 채 썰고,
파프리카는 타원형 모양으로
어슷하게 썰고, 라임은 둥글고
얇게 썬다.

2 참치는 숟가락으로 눌러 기름을
빼고, 소스 재료는 잘 섞는다.

3 면의 물기를 빼 그릇 가운데에
담고, 참치, 파프리카, 양파,
대파채를 둘러 담는다.

4 면 위에 소스, 들기름을 뿌리고
라임즙을 짜 비벼 먹는다.

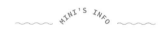

MINI'S INFO

두유면

밀가루 대신 콩을 갈아 만든
두유면은 따로 삶거나 헹굴 필요
없이 물기만 빼서 요리할 수
있어요. 다이어트 할 때 자주 먹는
곤약면보다 특유의 향이 적고
소스가 면에 잘 스며들어 다양한
요리에 활용하기 좋아요.

시금치컵오믈렛

건강한 재료들을 가위로 싹둑싹둑 잘라 머그잔에 담아 가열하면 만들어지는,
딱 5분 완성 초간단 레시피예요. 간단한 데 비해 재료의 맛 조합과 영양 조합이 좋아
저도 자주 만들어 먹는 요리 중 하나예요. 시금치, 두부소시지 뿐만 아니라
양파, 닭가슴살 등 냉장고 속 다양한 재료들을 활용할 수 있는 만능 레시피랍니다.

롱밀식빵 대신
오르밀을 사용해도
좋아요.

INGREDIENTS

○ 통밀식빵 1장
○ 시금치 1줌(30g)
○ 두부비엔나소시지 2개
○ 달걀 3개
○ 피자치즈 20g
○ 토마토소스 1큰술
○ 소금 약간
○ 파슬리가루 약간

RECIPE

1 물기 있는 시금치를
전자레인지에 넣고 1분간 가열해
데치고, 달걀은 잘 푼다.

2 내열컵에 데친 시금치, 식빵,
소시지를 가위로 한입 크기로
잘라 넣는다.

3 토마토소스, 피자치즈 10g,
소금을 넣어 잘 섞는다.

4 달걀물을 ③의 컵에 붓고
남은 피자치즈 10g을 얹은 후
전자레인지에서 2분, 익은 정도를
보고 다시 1분간 더 가열해
파슬리가루를 뿌린다.

김치순두부탕

감량기에도 국물이 당길 때는 언제나 찾아오는 법. 그래서 한국인이라면 누구나 좋아할 만한
칼칼한 맛의 김치순두부탕을 만들어 봤어요. 매콤하고 새콤한 김치에 부드러운 순두부를 더하고
여기에 새콤달콤한 토마토소스를 넣어 끓이는 것이 감칠맛을 더욱 살리는 저만의 비법이에요.
나트륨을 줄인 깊은 맛의 순두부탕이 입에서 살살 녹아요.

INGREDIENTS

- 순두부 1봉(350g)
- 김치 30g(1줄기, 묵은지)
- 양파 1/2개(95g)
- 달걀 1개
- 대파 20cm(37g)
- 다진 마늘 1/2큰술
- 고춧가루 1/2큰술
- 토마토소스 2큰술
- 간장 1큰술
- 카레가루 1/3큰술
- 물 1⅓컵(300ml)
- 후춧가루 약간
- 파슬리가루 약간
- 올리브유 1큰술

RECIPE

1 양파는 채 썰고, 대파는 얇게 송송 썰고, 김치는 굵게 다진다.

2 달군 팬에 올리브유를 두르고 양파, 대파, 다진 마늘을 넣고 볶다가 김치를 넣어 양파가 투명해질 때까지 볶는다.

순두부는 끓이는 동안 먹기 좋은 크기로 큼직하게 잘라요.

3 고춧가루, 토마토소스, 간장, 물을 넣어 잘 섞고, 순두부를 넣어 끓기 시작하면 카레가루를 넣고 가볍게 젓는다.

4 가운데에 달걀을 깨 넣고 달걀이 익을 때까지 센 불로 끓인 후 그릇에 담고, 후춧가루, 파슬리가루를 뿌린다.

팽이크림파스타

크림파스타가 먹고 싶지만, 다이어트 때문에 선뜻 선택하기 망설였던 적이 있을 거예요.
그럴 땐 가느다란 팽이버섯으로 파스타 면을 대신해 봐요.
탄수화물 함량은 낮추고 식이섬유를 듬뿍 포함한 데다 '면치기'까지 가능해
파스타 욕구를 제대로 채울 수 있어요. 감량과 맛, 둘 다 놓치지 않는 메뉴예요.

○ 팽이버섯 1봉
○ 완조리닭가슴살 100g
○ 양배추 80g
○ 슬라이스치즈 2장
○ 식물성음료 1컵(200ml,
  혹은 무가당두유, 우유)
○ 다진 마늘 1/2큰술
○ 후춧가루 약간
○ 파슬리가루 약간
○ 올리브유 1큰술

1 버섯은 비닐째 밑동을 제거하고
비닐 안에 물을 넣어 여러 번
헹군 후 물기를 뺀다.

2 버섯, 닭가슴살은 결대로 찢고,
양배추는 가늘게 채 썬다.

3 달군 팬에 올리브유를 두르고 버섯, 양배추, 다진 마늘을 넣고 볶다가
버섯의 숨이 죽으면 닭가슴살, 식물성음료, 치즈를 넣고 잘 섞어가며
졸인다.

4 소스가 자작해지면 불을 끄고
후춧가루, 파슬리가루를 뿌린다.

컵누들볶음밥

다이어트를 하면서 라면이 먹고 싶을 때는 부담이 덜한 컵누들을 집어드는 경우가 많아서
여러 개 구비해 두는 편이에요. 하지만 이것만 먹으면 영양이 부족하니
컵누들에 참치, 달걀, 양배추를 넣어 단백질과 식이섬유를 채웠어요. 밥은 안 들어가지만
볶음밥 같은 컵누들볶음밥을 먹고 나면 속이 정말 든든해서 앞으로 자주 만들어 먹게 될 거예요.

INGREDIENTS

○ 컵누들 1개(매콤한맛)
○ 양배추 135g
○ 대파 1/2대(27g, 21cm)
○ 참치통조림 1개(100g)
○ 달걀 2개
○ 피자치즈 20g
○ 파슬리가루 약간
○ 물 1/3컵(70~80ml)
○ 올리브유 1큰술

RECIPE

1 컵누들에 건더기수프를 전부
넣고, 분말수프는 2/3 분량만
넣고 면이 살짝 잠길 정도만 끓는
물을 부어 2분간 익힌다.

2 양배추, 대파는 잘게 썰고,
참치는 숟가락으로 눌러 기름을
빼고, 달걀은 잘 푼다.

3 컵누들이 익으면 가위로 여러 번
잘게 자른다.

컵누들은 이미
국물이 거의 없는
상태예요.

4 달군 팬에 올리브유 1/2큰술을
두르고 양배추, 대파를 볶다가
참치, 컵누들을 넣어 물기가
없어질 때까지 볶는다.

5 컵누들볶음을 빈 컵누들 용기에
다시 꾹꾹 눌러 담는다.

용기가 팬에 닿지 않게 살짝
들어올려 익히고, 파슬리가루를
뿌려 팬째로 먹어요.

6 다시 팬에 올리브유 1/2큰술을
둘러 팬 가운데에 컵누들볶음을
용기째 뒤집어 두고, 가장자리에
달걀물을 두르고 피자치즈를
뿌려 약불에서 달걀이 익을
때까지 익힌다.

MINI'S INFO

이름은 컵누들볶음밥이지만
밥은 따로 넣지 않고, 탄수화물인
당면을 밥처럼 잘게 잘라 사용해요.
점심이나 활동량이 많은 날에
먹는다면 잡곡밥을 한두 숟가락
정도만 추가해서 요리해요.

땅버치킨수프
땅콩버터치킨카레수프

바쁜 하루를 힘차게 시작할 수 있도록 든든하고 포만감 가득한, 힘 나는 요리 하나를 추천할게요.
다이어터라면 누구나 구비하고 있는 닭가슴살과 오트밀에 당근을 넣어 만든
초간단 카레수프인데요, 풍부한 향미를 가진 카레와 고소하고 부드러운 무가당땅콩버터가 만나
더 진하고 부드러운 맛을 자아낸답니다. 많이 만들어서 밀프렙 하기에도 좋아요.

○ 완조리닭가슴살 110g
○ 당근 1/3개(95g)
○ 퀵오트밀 3큰술(25g)
○ 무가당땅콩버터 1큰술
○ 카레가루 1/2큰술
○ 물 2컵(400ml)
○ 파슬리가루 약간
○ 올리브유 1/2큰술

1 당근은 잘게 다지고, 닭가슴살은
결대로 찢는다.

2 달군 냄비에 올리브유를 두르고
당근을 볶다가 닭가슴살,
오트밀, 물을 넣고 끓인다.

3 끓어오르면 카레가루,
땅콩버터를 넣고 저어가며
3분간 끓이다가 꾸덕해지면
파슬리가루를 뿌린다.

가지오믈렛

가지를 동글동글 귀엽게 썰어서 만들어 눈도 입도 즐거운 가지오믈렛은
바쁜 아침이나 가벼운 저녁 식사 메뉴로 제격이에요. 속살이 부드러운 가지를
포근포근하면서도 씹는 맛이 느껴지도록 동그랗게 썰어 익히고,
아삭한 양배추를 듬뿍 넣어서 포만감이 오래 가요. 원팬으로 뚝딱 만들어 보세요.

INGREDIENTS

○ 가지 1개
○ 달걀 2개
○ 양배추채 70g(1½줌)
○ 피자치즈 20~30g
○ 토마토소스 1큰술
○ 스리라차소스 1/2큰술
○ 파슬리가루 약간
○ 올리브유 1큰술

RECIPE

1 가지는 얇고 동글게 썰고,
　 달걀은 잘 푼다.

팬 중앙에 세로로
약간 틈을 주고 가지를
배열해서 달걀물을 반
접을 준비를 해요.

2 달군 팬에 올리브유를 두르고
　 약불에서 가지를 가지런히 올려
　 뒤집어가며 굽는다.

 →

3 가지 위에 달걀물을 둘러 붓고 약불에서 굽다가 반쪽 부분에만 피자치즈,
　 토마토소스, 양배추채를 올린다.

4 달걀을 반으로 접을 중간 지점을
　 뒤집개로 선을 긋고 반으로 접어
　 접시에 담고, 스리라차소스,
　 파슬리가루를 뿌린다.

오이비빔물국수

무더운 여름엔 시원한 국물에 새콤달콤한 양념을 섞은 빨간 맛 물국수가 왜 이리
당길까요? 식당에서 사 먹거나 시판 육수를 사용해 만들어도 좋지만, 유지어터인
제게는 너무 짜고 자극적인 맛이라 저는 좀 더 건강한 재료로 요리해 먹어요.
아삭하고 시원한 오이와 칼로리 낮은 미역국수, 건강한 양념만으로도 충분히
비슷한 맛을 낼 수 있으니 입맛 없는 무더운 날, 꼭 만들어 보세요.

○ 오이 1개
○ 완조리닭가슴살 100g
○ 미역국수 1/2봉(90g)
○ 청양고추 1개
○ 소금 약간

✦ 매콤육수
○ 고춧가루 1큰술
○ 다진 마늘 1/2큰술
○ 사과식초 3큰술
○ 간장 1큰술
○ 들기름 1큰술
○ 알룰로스 2큰술
○ 깨 1/2큰술
○ 물 1컵(200ml)

오이를 도롬히
썰면 씹는
식감이 좋아요.

1 오이는 껍질째 채 썰고,
닭가슴살은 결대로 찢고, 고추는
굵게 다진다.

2 볼에 오이, 닭가슴살, 고추,
소금을 넣어 잘 버무린다.

3 ②의 볼에 매콤육수 재료를 모두
넣고 잘 섞는다.

4 미역국수는 물에 헹구고 물기를
빼 그릇에 담는다.

깨를 추가로
토핑하면 더
먹음직스러워요.

5 국수에 ③의 육수, 건더기를
모두 붓는다.

햄치즈토스트

달콤했다가 짭짤했다가, '단짠단짠' 상반된 매력을 가진 길거리 토스트는
언제 먹어도 질리지 않는 추억의 맛이죠. 우리는 다이어터답게
마가린에 절이듯 굽는 빵을 대신해 양배추와 달걀, 몸에 좋은 기름을 사용해 탄수화물 걱정 없는
토스트를 만들어요. 무가당딸기잼과 식물성마요네즈로 죄책감 없이 '단짠'을 즐겨 보세요.

INGREDIENTS

○ 달걀 3개
○ 양배추채 150g(2줌)
○ 퀵오트밀 1½큰술
○ 닭가슴살슬라이스햄 2장
○ 슬라이스치즈 1장
○ 식물성마요네즈 1/2큰술
○ 무가당딸기잼 1/3큰술
○ 스리라차소스 약간
○ 파슬리가루 약간
○ 소금 약간
○ 코코넛오일 1큰술
　(혹은 올리브유)

RECIPE

1 볼에 달걀을 깨 넣고 소금을 넣어 잘 풀고, 양배추채, 오트밀을 섞어 반죽을 만든다.

2 달군 팬에 코코넛오일을 두르고 반죽을 길고 네모나게 올린 후 중불에서 눌러가며 양면을 노릇하게 굽는다.

3 불을 끄고 윗면의 반쪽에는 마요네즈, 나머지 반쪽에는 딸기잼을 바른다.

4 마요네즈를 바른 쪽에 햄, 치즈를 올리고 뒤집개로 반을 잘라 샌드위치처럼 접듯이 겹쳐 포개고, 스리라차소스, 파슬리가루를 뿌린다.

쫄깃배추전

야식이 생각나는 날, 고소하고 쫄깃한 배추전은 어때요?
다이어트 할 때 전을 먹어도 되나 싶지만 저만의 아이디어로 가볍게 만들었어요.
하지만 맛은 절대 가볍지 않아요. 밀가루 대신 현미라이스페이퍼로 일반 전보다
더 쫄깃쫄깃하거든요. 먹는 내내 즐거운 식감과 배추의 고소함을 함께 느껴 보세요.

INGREDIENTS

✦ 2장 분량

○ 알배춧잎 4~6장

○ 달걀 2개

○ 현미라이스페이퍼 2장

○ 올리브유 1½큰술

✦ 양념장

○ 간장 1큰술

○ 시초 1/2큰술

○ 들기름 1큰술

RECIPE

1 배춧잎은 줄기를 세로로 살짝 부러뜨려 모든 면이 팬에 잘 닿게 평평하게 만들고, 달걀은 잘 푼다.

2 달군 팬에 올리브유 1/2큰술을 두르고 배춧잎을 올려 앞뒤로 노릇하게 구워 덜어둔다.

배춧잎끼리 잘 붙도록 배춧잎을 겹쳐 그 사이에 달걀물을 골고루 뿌려요.

3 약불에서 올리브유 1/2큰술을 두르고 라이스페이퍼 1장- 배춧잎 2~3장 순으로 올린 후 달걀물 1/2 분량을 뿌리고 앞뒤로 노릇하게 구워 배추전 2장을 만든다.

4 양념장 재료를 섞어 배추전을 찍어 먹는다.

콜앤치즈

꾸덕꾸덕하고 짭짤하고 진한 맛의 맥앤치즈는 느끼한 맛이 매력인 음식이지만
탄수화물과 지방이 과해서 다이어트에는 최악이에요. 하지만 느끼한 음식이 당길 땐
느끼한 걸 먹어줘야 스트레스가 없겠죠? 우리는 마카로니 대신 브로콜리를 사용해
탄수화물을 대폭 줄인 콜앤치즈를 만들어 먹어요. 중독성 있는 맛이라도 건강한 재료들이니 살찔 걱정이 없답니다.

INGREDIENTS

○ 데친 브로콜리 150g
○ 양파 1/3개(53g)
○ 달걀노른자 2개
○ 식물성음료 2/3컵(130ml,
　 혹은 무가당두유, 우유)
○ 슬라이스치즈 2장
○ 피자치즈 20g
○ 소금 약간
○ 파슬리가루 약간
○ 올리브유 1큰술

RECIPE

1 데친 브로콜리는 봉오리가
부스러지지 않게 줄기에 길집을
내고 작은 한입 크기로 찢는다.

2 양파는 굵게 다지고,
달걀노른자는 잘 푼다.

3 달군 팬에 올리브유를 두르고
양파가 반투명해질 때까지 볶고,
브로콜리를 넣어 가볍게 볶는다.

볶은 재료가 절반 정도
잠길 만큼 식물성음료를
자작하게 부어요.

4 식물성음료, 소금,
슬라이스치즈를 넣어 국물이
절반으로 졸아들면 노른자를
섞어 불을 끈다.

5 오븐용기에 볶은 재료를 평평히
담고 피자치즈를 뿌린 후
에어프라이어 180℃에서 5분간
구워 파슬리가루를 뿌린다.

MINI'S INFO

브로콜리는 큼직하게 썰어 끓는
물에 소금을 약간 넣고 40초~1분간
데쳐 물기를 빼 사용해요.

그릭컵누들

컵누들에 그릭요거트라니, 생소한 조합에 놀라신 분도 있겠죠?
이름만 들으면 낯설지만, 저를 믿고 꼭 한 번 드셔 보셨으면 좋겠어요.
상큼한 라임즙을 뿌린 그릭요거트를 컵누들에 퐁당 빠뜨리면 평범한 맛의 컵누들이
이국적인 별미로 변신해요. 참치로 단백질까지 더했으니 영양과 맛, 모두 만족할 거예요.

INGREDIENTS

○ 컵누들 1개(매콤한맛)

○ 참치통조림 1개(100g)

○ 다진 마늘 1/3큰술

○ 그릭요거트 1큰술(듬뿍)

○ 핫소스 1큰술

○ 라임 1/5개

　　(혹은 라임즙 1큰술)

○ 물 적당량

RECIPE

라임 대신
라임즙을
사용해도 좋아요.

1 라임은 즙을 짜기 좋게 썰고,
참치는 숟가락으로 눌러 기름을
뺀다.

2 컵누들에 분말수프 2/3 분량,
건더기수프, 다진 마늘을 넣고
끓는 물을 용기 표시선까지 붓고
3분간 익힌다.

라임은 즙을
짜서 잘 섞어
먹어요.

3 그릇에 익은 컵누들을 잘 섞어
담고, 참치, 그릭요거트, 라임을
올리고 핫소스를 뿌린다.

감자치즈프라이

다이어트 중에는 간편하게 만들어서 든든하게 오래오래 배를 채우는 요리가 최고예요.
그래서 디디미니표 감자치즈프라이를 모두가 알았으면 해요. 팬 하나로 조리를 끝내서
설거지가 간편하고, 모든 재료를 볶아 익히면 되어 만들기 또한 쉽거든요.
고급스러운 맛을 가진 노릇노릇 따끈따끈 감자치즈프라이 덕분에 한입 한입이 행복해질 거예요.

INGREDIENTS

○ 감자 1개(150g)

○ 달걀 2개

○ 양파 1/2개(70g)

○ 베이컨 3줄

○ 청양고추 1개

○ 파르메산치즈가루 1큰술

　(혹은 피자치즈 25g)

○ 후춧가루 약간

○ 올리브유 2큰술

RECIPE

채칼의 가장 가는
채 썰기 칼날을
사용하면 편리해요.

1 감자는 껍질째 최대한 얇게
채 썰고, 양파는 가늘게 채 썬다.

2 베이컨은 한입 크기로 썰고,
고추는 송송 썬다.

3 달군 팬에 올리브유 1큰술을
두르고 감자, 양파, 베이컨을
넣고 감자가 익을 때까지
볶는다.

4 약불에서 올리브유 1큰술을 둘러
달걀을 깨 올린 후 뚜껑을 덮어
달걀을 익히고, 치즈가루, 고추,
후춧가루를 뿌린다.

파르메산치즈 대신
피자치즈를 사용할 땐,
달걀을 올릴 때 함께 뿌려
치즈를 녹여요.

가지돔밥

전자레인지로 재빨리 간편하게 만들 수 있고, 손님이 왔을 때 내놓기에도
맛도 모양도 손색없는 근사한 요리예요. 고소한 달걀과 든든한 현미밥에
보드라운 가지 하나를 통째로 넣어 다양한 식감과 맛을 냈어요.
둥근 언덕처럼 개성 있는 돔 모양을 만드는 플레이팅 과정도 또 하나의 즐거움이 될 거예요.

INGREDIENTS

○ 현미밥 80g
○ 가지 1개
○ 달걀 2개
○ 슬라이스치즈 1장
○ 무염버터 1조각(10g)
○ 간장 2/3큰술
○ 파슬리가루 약간
○ 올리브유 1/2큰술

RECIPE

1 가지 2/3개는 필러로 긴 모양을 살려 얇게 슬라이스하고, 1/3개는 굵게 다지듯 깍둑 썬다.

2 그릇에 밥, 다진 가지, 달걀, 간장을 넣고 잘 섞는다.

3 내열볼에 올리브유를 얇게 펴 바르고, 슬라이스한 가지를 가로세로로 교차하며 그릇이 보이지 않게 넓게 펼친다.

4 쌓은 가지 위에 버터를 4등분 하여 곳곳에 올린다.

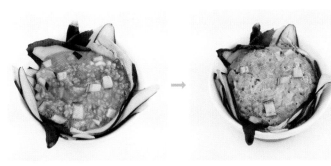

5 가지 위에 달걀에 비빈 밥을 담아 평평하게 만들고, 전자레인지에서 2분 30초씩 2번 가열해 총 5분간 익힌다.

6 가열한 가지돔밥 위에 넓은 접시를 덮고 그릇을 뒤집어 돔밥을 올린 후 치즈를 덮고 파슬리가루를 뿌린다.

부추참치전

한 단 사면 양이 많아 냉장고에 남겨지는 부추. 부추참치전을 알고 나면
이제 부추가 남는 일은 없을 거예요. 향긋한 부추와 단백질을 갖춘 고소한 참치, 달걀이 만나면
완벽한 궁합의 초간단 전이 완성되거든요. 기름도 적게 들어가 저녁에 먹어도 속이 편해요.
김밥이나 샌드위치 속 재료로 넣어도 좋으니 미리 만들어 아침, 저녁 메뉴로도 활용해요.

INGREDIENTS

- 부추 100g
- 참치통조림 1개(100g)
- 고수 2줄기(혹은 깻잎 5장)
- 양파 1/6개(35g)
- 홍고추 1개
- 달걀 3개
- 올리브유 1큰술
- 부추고수장 적당량(72쪽)

RECIPE

참치는 숟가락으로 눌러 기름을 뺀다.

1 부추, 고수는 2cm 길이로 썰고, 양파, 고추는 다진다.

2 볼에 손질한 모든 채소, 참치, 달걀을 넣고 잘 섞는다.

3 달군 팬에 올리브유를 두르고 반죽을 4등분 해 먹기 좋게 올려 앞뒤로 노릇하게 굽는다.

4 부추고수장을 곁들여 먹는다.

MINI'S INFO

고수를 좋아하지 않는다면, 부추참치전 반죽을 만들 때 고수를 생략하거나 고수 대신 다른 향신채소를 넣어주세요. 깻잎, 미나리, 참나물 등 향이 강한 채소를 넣으면 맛있어요.

팽이볶음토스트

식비를 아끼고 싶다면? 건강을 챙기고 싶다면? 이럴 때 꼭 필요한 재료 중 하나인
팽이버섯으로 다양한 요리를 해보려고 해요. 아삭하고 쫄깃한 식감을 살려 요리한 팽이버섯볶음을
건강한 통밀식빵에 곁들이면 브런치 카페가 부럽지 않은 오픈토스트가 완성돼요.
팽이볶음은 밥, 빵, 면 등 다양한 재료에 잘 어울리니 덮밥으로도, 볶음면으로도 즐겨 보세요.

INGREDIENTS

○ 통밀식빵 1장
○ 팽이버섯 1봉
○ 닭가슴살슬라이스햄 4장
　(혹은 베이컨)
○ 쪽파 1줄기
○ 달걀 1개
○ 굴소스 1/2큰술
○ 홀그레인머스터드 1/2큰술
○ 후춧가루 약간
○ 올리브유 1/2큰술+1/3큰술

RECIPE

버섯은 비닐째 밑동을
잘라 비닐 안에 물을 넣고
여러 번 헹궈 물기를 빼요.

1 버섯은 밑동을 제거해 결대로 찢고, 쪽파는 송송 썰고, 햄은 버섯 길이로 얇게 썬다.

로핑용 쪽파를
약간만 남겨둬요.

2 달군 팬에 올리브유 1/2큰술을 두르고 버섯, 햄을 넣고 버섯의 숨이 죽을 때까지 볶다가 쪽파, 굴소스를 넣고 볶는다.

3 볶은 재료를 동그랗게 모아 가운데를 비운 후 달걀을 깨 올리고, 뚜껑을 덮어 약불에서 달걀을 익힌다.

4 마른 팬에 식빵을 노릇하게 구워 한 면에 머스터드를 바른다.

팽이볶음을 빵 대신
밥에 올려 덮밥으로
먹어도 맛있어요.

5 그릇에 식빵을 올리고 팽이볶음을 얹어 쪽파, 후춧가루를 토핑한다.

새송이달걀부침

금세 완성되는 레시피였으면 좋겠고, 단백질과 식이섬유가 듬뿍 든 요리를 원한다면
새송이버섯과 달걀을 준비하세요. 동글동글하게 잘라 탱글탱글한 식감을 살린 새송이버섯을
부드러운 달걀로 감싸고, 매콤한 청양고추와 고소한 치즈를 올려 상반된 맛과 향이 조우하니
오히려 더 조화로운 맛이 탄생했어요. 버섯을 좋아하는 분이라면 꼭 만들어 보세요.

○ 새송이버섯 2개(166g)
○ 달걀 2개
○ 양파 1/6개(41g)
○ 청양고추 1개
○ 피자치즈 20g
○ 굴소스 1/2큰술
○ 파슬리가루 약간
○ 올리브유 1큰술

1 버섯은 동그란 모양을 살려 도톰하게 썰고, 양파, 고추는 잘게 다지고, 달걀은 잘 푼다.

2 달군 팬에 올리브유 1/2큰술을 두르고 버섯, 양파, 고추를 넣고 굽듯이 볶다가 굴소스를 넣어 볶는다.

달걀이 익고 치즈가 녹으면 접시에 담아 파슬리가루를 뿌려요.

3 약불에서 버섯을 굽듯이 펼치고 올리브유 1/2큰술을 두른 후 달걀물을 둘러 붓고 피자치즈를 뿌려 뚜껑을 덮고 익힌다.

원팬가지토스트

식빵 한 장으로, 팬 하나로, 브런치 카페에서 먹는 것 같은 고급스러운 만듦새를 가진
원팬가지토스트를 소개해요. 몸에 좋은 가지와 감칠맛 내는 신선한 토마토,
향긋한 바질페스토의 조합만으로도 벌써 군침이 돌아요. 만드는 법은 간단한데
자세히 설명하느라 과정이 좀 길어졌는데요, 차근차근 따라 하면 근사한 요리를 만날 거예요.

INGREDIENTS

- 통밀식빵 1장
- 가지 1/3개
- 토마토 1/3개
- 달걀 2개
- 슬라이스치즈 1장
- 바질페스토 1큰술
- 소금 약간
- 올리브유 1큰술

RECIPE

1 가지는 길고 넓은 단면을 살려 4~6등분 하고, 토마토는 둥글게 썬다.

2 식빵은 2등분해 각각 한쪽 면에 바질페스토를 바른다.

3 달군 팬에 올리브유 1/2큰술을 두르고 가지에 소금을 뿌려 양면을 노릇하게 굽고, 가지를 뒤집을 때 토마토를 올려 함께 구워 덜어둔다.

4 같은 팬에 올리브유 1/2큰술을 두르고 달걀을 깨 넣어 노른자를 터뜨려 퍼트린다.

식빵 사이에 재료를 넣고 반으로 접어야 하니 두 식빵 사이에 1cm 정도 공간을 남겨요.

5 달걀이 익기 전에 바질페스토가 발리지 않은 식빵 면을 달걀 위에 올려 달걀물을 묻히고, 다시 달걀 위에서 식빵만 뒤집어 굽는다.

6 달걀이 익으면 달걀식빵 전체를 뒤집고 식빵 가장자리에 튀어나온 달걀은 식빵 크기에 맞게 접어 올린다.

7 불을 끄고 식빵 한쪽 위에 치즈-가지-토마토 순으로 올리고 반대쪽 빵으로 덮은 다음, 다시 약불에서 치즈가 녹을 때까지 양면을 노릇하게 굽는다.

자투리오므라이스

저는 냉장고에 있는 재료를 몽땅 꺼낸 '냉파 메뉴'를 고민할 때
오므라이스를 자주 만들곤 해요. 자투리 재료들을 모두 사용할 수 있는 데다
맛도 모양도 좋아 외식 기분을 가장 쉽게 낼 수 있거든요. 밥 양을 줄인 대신
양배추를 듬뿍 넣어 배고픔이 없고, 원팬 요리라서 설거짓거리도 없는, 가벼운 오므라이스랍니다.

○ 현미곤약밥 75g
○ 달걀 3개
○ 양배추채 3줌(153g)
○ 김치 30g
○ 청양고추 1개
○ 토마토소스 1큰술
○ 스리라차소스 약간
○ 파슬리가루 약간
○ 올리브유 1큰술

1 양배추채는 물기를 털어 팬에 담고, 고추, 김치는 가위로 잘게 썰어 바로 팬에 넣고, 달걀은 잘 푼다.

2 팬에 올리브유 1/2큰술을 둘러 센 불에서 양배추가 숨이 죽을 때까지 볶다가 밥, 토마토소스를 넣고 볶아 덜어둔다.

밥을 볶은 팬을 씻어 물기를 제거하고 쓰면 설거지가 줄어요.

3 달군 팬에 올리브유 1/2큰술을 두르고 달걀물을 부어 중약불에서 살짝 익히다가 달걀 윗면이 익기 전에 가운데에 볶음밥을 타원형 모양으로 올린다.

4 뒤집개로 달걀 가장자리를 밥에 꾹꾹 눌러가며 덮어 볶음밥에 달걀을 잘 붙인다.

5 그릇에 오므라이스를 뒤집어 담고 스리라차소스, 파슬리가루를 뿌린다.

✦ 부추고수장 ✦

싱싱한 부추와 독특향 향의 고수를 잘게 썰어 만든 부추고수장은
밥이나 면 등에 넣어 비벼 먹거나 찍어 먹으면 음식 맛을 업그레이드 해주는
마법의 아이템이에요. 한 번 만들어 두면 일주일은 거뜬하니 밥 차리기 귀찮을 때 비빔밥으로,
샐러드나 곤약면의 소스로 활용해 보세요. 채소와 레몬즙의 상큼함이 입맛을 살려줄 거예요.

✦ 6~7회 분량
○ 부추 150g
○ 고수 4줄기
○ 양파 1/2개(80g)
○ 홍고추 1개

✦ 양념
○ 다진 마늘 1큰술(듬뿍)
○ 간장 8큰술
○ 참치액 3½큰술(혹은 간장)
○ 레몬즙 2큰술
○ 들기름 2큰술
○ 알룰로스 3큰술
○ 깨 1큰술

고수를 좋아하지 않으면 부추를 50g 더 추가해 부추장을 만들어요. 달래나 깻잎, 미나리 등을 넣어도 좋아요.

1 부추, 고수, 양파는 잘게 썰고, 고추는 씨를 빼고 다진다.

2 볼에 부추, 고수, 양파, 고추를 넣고 양념 재료를 모두 넣어 잘 섞는다.

3 밀폐용기에 담아 냉장 보관하고 일주일 이내에 먹는다.

✦ 응용요리 ✦

062P
부추참치전

160P
부주고수장비빔밥

항산화 효과로
피부부터 좋아지는
노화 방지 메뉴

PART 2

디톡스 요리

토마토치즈파스타

파스타면 없이, 별다른 소스도 없이 만드는 다이어트 파스타 중에
맛으로 일등이라 자부하는 메뉴예요. 토마토와 치즈, 바질 세 가지 식재료의 풍미가
시판 파스타 소스 그 이상의 맛을 내주거든요. 게다가 항산화 대표 채소 토마토는
기름을 더해 가열할수록 체내 흡수율이 올라가고, 바질 또한 풍부한 향 만큼이나 폴리페놀을 비롯한
항산화 성분이 풍부하답니다. 먹을수록 예뻐지고 가벼워지는 저탄수 파스타, 꼭 만들어 보세요.

○ 두부면 1팩
○ 토마토 2개(280g)
○ 바질 10g
○ 슬라이스치즈 2장
○ 다진 마늘 1큰술
○ 후춧가루 약간
○ 올리브유 1큰술

바질 이파리 1~2장은
토핑을 위해 남겨둬요.

1 두부면은 헹궈 물기를 빼고,
토마토는 깍둑 썰고, 바질은
크게 다진다.

2 달군 팬에 올리브유를 두르고
토마토, 다진 마늘을 넣어
중불에서 토마토가 살짝 익을
때까지 볶는다.

3 면을 넣고 볶다가 약불에서
치즈를 넣고 치즈가 녹을 때까지
볶아 불을 끈다.

4 바질을 넣고 잔열로 살짝
볶다가 후춧가루를 뿌리고
바질 이파리를 토핑한다.

양양카레
양배추양파카레

냉장고에 항상 잠들어 있는 양배추와 양파를 좀 더 색다르게 즐겨 볼까요?
볶으면 볶을수록 달콤해지는 양파와 양배추에 코코넛오일을 둘러 볶고, 카레가루로 맛을 내면
특별한 재료가 들어가지 않아도 전문점 같은 카레 맛을 낼 수 있어요.
강력한 항산화 대표 식품인 낫토까지 올려서 속 편하고 건강한 한 끼를 만끽해 봐요.

✦ 카레 3회 분량

- ○ 현미밥 120g
- ○ 양배추채 3줌(320g)
- ○ 양파 1개(190g)
- ○ 달걀 4개
- ○ 식물성음료 4컵(800ml, 혹은 무가당두유, 우유)
- ○ 낫토 1팩
- ○ 카레가루 3½큰술
- ○ 크러쉬드레드페퍼 약간
- ○ 코코넛오일 2큰술 (혹은 올리브유)

1 양배추채는 물기를 빼고, 양파는 채 썰고, 달걀은 잘 푼다.

코코넛오일을 사용하면 이국적이고 달콤한 카레 특유의 향이 살아나요.

2 달군 팬에 코코넛오일을 두르고 양파를 넣어 노릇해질 때까지 볶는다.

3 양배추채, 식물성음료를 넣고 양배추가 숨이 죽을 때까지 센 불에서 끓이다가 카레가루를 섞어 중불에서 1분간 끓인다.

4 달걀물을 둘러 붓고 달걀이 익을 때까지 끓인다.

남은 카레는 냉장 보관하고 3일 이내에 가열해 먹어요.

5 그릇에 밥, 카레를 담고 낫토를 올려 크러쉬드레드페퍼를 뿌린다.

참외바질
마요샐러드

봄부터 초여름이면 등장하는 참외는 우리에게 친숙한 과일 중 하나예요.
다이어트 할 때는 과일의 당분과 칼로리 때문에 많이 먹으면 안 되지만, 참외는 90% 이상이
수분으로 이루어져 부담 없이 먹을 수 있어요. 최근에는 많은 레스토랑과 카페에서
참외로 만든 샐러드가 큰 인기를 끌고 있어요. 우리도 고급스러운 맛의 샐러드를 간단하게 만들어 볼까요?

INGREDIENTS

○ 참외 1/2개(90g)
○ 완조리닭가슴살 110g
○ 양파 1/4개(40g)
○ 청양고추 1개
○ 고수 2줄기(혹은 깻잎, 바질)
○ 유기농옥수수통조림 2큰술
○ 바질페스토 1큰술
○ 식물성마요네즈 1큰술
○ 라임즙 1큰술
○ 후춧가루 취향껏

RECIPE

1 참외는 껍질을 깎아 속을 제거하고, 참외 과육, 닭가슴살은 먹기 좋게 깍둑 썬다.

고수 이파리는 토핑을 위해 약간만 남겨둬요.

2 양파, 고수는 잘게 썰고, 고추는 송송 썬다.

3 볼에 손질한 재료를 모두 담고 옥수수, 바질페스토, 마요네즈, 라임즙, 후춧가루를 넣어 잘 섞은 후 고수 이파리를 토핑한다.

토마토오믈렛

토마토는 항산화 성분인 라이코펜이 풍부해서 사계절 내내 먹길 추천하는 재료예요.
특히 기름과 함께 열을 가해 익히면 맛이 깊어질 뿐만 아니라 체내 흡수율이 높아져
맛과 영양이 더 풍부해지죠. 그래서 특별한 소스나 비법이 없어도 감칠맛이 좋은 요리가
완성된답니다. 토마토 1개에 자투리 채소나 베이컨 등을 더해 나만의 오믈렛을 만들어 봐요.

○ 토마토 1개
○ 대파 11cm(23g)
○ 닭가슴살슬라이스햄 2장
○ 달걀 3개
○ 피자치즈 20g
○ 다진 마늘 1/2큰술
○ 소금 약간
○ 파슬리가루 약간
○ 올리브유 1⅓큰술

1 토마토는 동글게 5등분 하고, 대파는 얇게 송송 썰고, 햄은 작게 썬다.

2 달걀은 소금을 넣고 잘 푼다.

3 달군 팬에 올리브유 1큰술을 두르고 대파, 다진 마늘을 넣어 볶다가 올리브유 1/2큰술을 더 두르고 토마토를 넣어 앞뒤로 굽는다.

4 햄을 골고루 얹어 달걀물을 둘러 부은 후 피자치즈를 뿌리고, 뚜껑을 덮어 약불에서 달걀이 익을 때까지 6분 정도 익힌다.

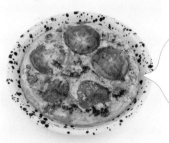

5 팬보다 큰 접시로 팬을 덮고 뒤집어 오믈렛을 접시에 담고, 파슬리가루를 뿌린다.

점심으로 먹을 땐 오믈렛을 접어 빵이나 토르티야 사이에 끼워 먹어요.

가지마요김밥

밥알 한 톨 들어가지 않았지만 밥이 안 들어간 김밥 중에 제일 맛있는
가지마요김밥을 소개해요. 수분을 날려서 쫄깃하게 구운 가지가 밥을 대신하고,
고소한 참치게맛살샐러드, 향긋한 깻잎, 아삭한 단무지까지 맛과 향, 식감이 다채로운 재료를
고루 사용했어요. 양은 적어 보이지만 단백질과 식이섬유가 가득해 한 줄만으로도 포만감이 좋아요.

○ 김밥김 1장
○ 가지 1개
○ 깻잎 7장
○ 청양고추 2~3개
○ 김밥단무지 2줄
○ 들기름 약간

✦ 참치게맛살샐러드
○ 참치통조림 1개(100g)
○ 게맛살 2개
○ 식물성마요네즈 1큰술
○ 후춧가루 약간

1 가지는 필러로 긴 모양을 살려 얇게 슬라이스하고, 참치는 숟가락으로 눌러 기름을 빼고, 게맛살은 손으로 찢는다.

에어프라이어의 낮은 온도에서 구워도 좋아요.

2 마른 팬에서 가지를 앞뒤로 노릇하게 구워 수분을 날린다.

3 볼에 참치게맛살샐러드 재료를 넣고 잘 섞는다.

4 김 위에 가지를 겹쳐가며 밥을 펼치듯 올리고 깻잎 3장– 참치게맛살샐러드–고추– 깻잎 4장 순으로 올려 김밥을 만다.

5 김밥 윗부분에 들기름을 발라 먹기 좋게 썬다.

시금치부자피자

이태원에 유명한 화덕피자 가게의 시금치피자는 종종 생각날 만큼 정말 맛있어요.
집에서 도우를 발효해 만들고 화덕에서 구울 순 없지만, 건강한 재료를 듬뿍 얹어
비슷한 맛을 내는 시금치피자를 만들었어요. 시금치를 넣어 만든 토르티야에
생시금치와 함께 냉장고 속 각종 토핑을 올려 보세요. 맛과 비주얼까지 끝내주는 피자가 완성돼요.

○ 시금치토르티야 1장
　(92쪽, 혹은 통밀토르티야)
○ 시금치 1줌(60g)
○ 방울토마토 4개
○ 바질페스토 1/2큰술
○ 피자치즈 20g
○ 블랙올리브슬라이스 7개
○ 그라나파다노치즈가루 약간
　(혹은 파르메산치즈가루)

4등분 한 토마토는 토핑으로 사용하고, 시금치 줄기와 잎은 따로 분리해 놔요.

바질페스토가 없으면 토마토소스를 사용해요.

1 토마토 2개는 2등분하고, 나머지 2개는 길게 4등분 하고, 시금치는 먹기 좋게 썬다.

2 토르티야 위에 바질페스토를 펴 바르고 피자치즈, 올리브, 2등분한 토마토, 시금치 줄기를 올린다.

3 에어프라이어 180℃에서 5분간 굽고 접시에 담아 시금치 이파리, 4등분 한 토마토, 치즈가루를 토핑한다.

토마토 닭가슴살샐러드

닭가슴살과 토마토는 다이어터의 필수 재료라서 식상할 테지만, 먹는 방법을
조금 달리 해보세요. 먹기 좋게 찹찹 썰어 상큼한 샐러드로 만들어 먹으면
입맛이 돌아 기분까지 좋아져요. 특히 토마토를 살짝 익히면 좋은 성분을 빠짐없이
흡수할 수 있으니 조금 귀찮더라도 꼭 가열해 먹어요.

○ 완조리닭가슴살 110g
○ 토마토 1개
○ 오이 1개
○ 양파 1/5개(32g)

✦ 드레싱
○ 레몬즙 2/3큰술
○ 파르메산치즈가루
　1큰술+1꼬집(토핑)
○ 소금 약간
○ 후춧가루 취향껏
○ 올리브유 1½큰술

토마토는 열을 가해 먹어야
항산화 성분인 라이코펜의 체내
흡수율이 더 올라가요.

1 토마토는 십자 모양으로 칼집을
내 끓는 물에 굴려가며 2분간
데쳐 껍질을 벗긴다.

오이는 칼등으로 두드려
때린 후 썰면 수분감과
향이 더 살아나요.

2 토마토, 오이는 한입 크기로
썰고, 양파는 다진다.

3 닭가슴살은 한입 크기로 썬다.

4 볼에 썬 재료, 드레싱 재료를
모두 넣고 치즈가루, 후춧가루를
토핑한다.

MINI'S INFO

토마토의 껍질을 벗길 때는 끓는
물에 데치는 것이 가장 좋지만
전자레인지를 활용하는 방법도
있어요. 토마토에 십자모양으로
칼집을 내고 토마토 1개당
전자레인지에서 2분 정도
가열한 후 찬물에 잠시 담갔다가
껍질을 벗겨요.

시금치치킨랩

뽀빠이가 가진 힘의 원천이라 알려진 시금치는 비타민, 철분, 식이섬유 등
각종 영양 성분이 다량 함유된 대표적인 건강 녹황채소예요.
한국에서는 시금치를 무침이나 볶음으로 먹지만 서양에서는 샐러드로도 활용하는데요,
토르티야에 생시금치와 닭가슴살을 가득 넣고 야무지게 포장하면 도시락으로도 제격이에요.

INGREDIENTS

○ 시금치토르티야 1장
  (92쪽, 혹은 통밀토르티야)
○ 완조리닭가슴살 125g
○ 시금치 1/2줌(30g)
○ 토마토 1개
○ 홀그레인머스터드 1/2큰술
○ 그릭요거트 1큰술
○ 스리라차소스 1/2큰술

RECIPE

1 토마토는 둥글게 썰고, 시금치는 가닥가닥 뜯고, 닭가슴살은 결대로 찢는다.

2 종이포일을 마름모 모양으로 깔고 토르티야를 펼친 후 머스터드를 펴 바른다.

소스나 재료는 취향에 따라 달리 사용해도 좋아요.

3 닭가슴살-토마토-그릭요거트-스리라차소스-시금치 순으로 올리고 토르티야를 힘주어 돌돌 말아 테이프로 고정해 2등분한다.

✦ 시금치토르티야 ✦

통밀토르티야는 통밀식빵보다 칼로리가 낮은 데다 빵이 얇고 커서 각종 재료를 넣고
돌돌 말아 물기 없이 포장할 수 있어요. 그래서 먹기도 간편하고, 도시락으로 가져가기에도 좋답니다.
시판 토르티야를 사용해도 좋지만, 시금치를 듬뿍 넣고 식이섬유가 풍부한
시금치토르티야를 만들어 보세요. 반죽이 묽어서 굽는 것도 쉬우니 많이 만들어 밀프렙 해요.

✦ 2장 분량
○ 시금치 1줌(50g)
○ 오트밀 50g
○ 달걀 2개
○ 물 1/2컵(100ml)
○ 소금 약간
○ 올리브유 1큰술

✦ 10장 분량 밀프렙
○ 시금치 250g
○ 오트밀 250g
○ 달걀 10개
○ 물 2½컵(500ml)
○ 소금 적당량
○ 올리브유 5큰술

1 푸드프로세서에 시금치, 오트밀, 달걀, 물, 소금을 넣고 갈아 반죽을
만든다.

2 달군 팬에 올리브유 1/2큰술을
두르고 약불에서 반죽의 1/2
분량을 부어 앞뒤로 노릇하게
굽는다.

3 남은 반죽도 같은 방법으로 구워
식힌다.

MINI'S INFO

시금치토르티야는 대량으로
만들어 밀프렙 하기에도 좋아요.
토르티야를 구워 잘 식힌 후 서로
달라붙지 않게 밀봉하여 평평하게
냉동 보관해요. 먹기 전에 실온에
꺼내 놓고 말랑말랑해졌을 때 살짝
구워 사용하면 시판 제품보다 더
건강한 토르티야를 먹을 수 있어요.

✦ 응용요리 ✦

시금치부자피자

시금치토르티야랩

맛있게 먹으면서
스트레스 해소하는
감량 비법

PART 3

속세맛 요리

들깨간장비빔국수

다이어트 할 때도 국수는 포기할 수 없어요. 게다가 이 메뉴는 두유면을 사용했더니
면이 붇지 않아서 도시락으로도 안성맞춤이에요. 불을 쓰지 않고 헹구기만 하면 되는
저탄수화물 두유면에 고소하고 짭조름한 양념, 향 좋은 들깻가루와 쪽파가 참 잘 어울려요.
아! 맛의 화룡점정인 상큼한 레몬즙도 잊지 말고 꼭 넣어 주세요.

○ 두유면 1봉
○ 달걀 2개
○ 쪽파 3줄기
○ 김밥김 2장
○ 올리브유 1/2큰술

✦ 소스
○ 들깻가루 2큰술
○ 간장 1½큰술
○ 레몬즙 1큰술
○ 들기름 2큰술
○ 알룰로스 1큰술

1 두유면은 체에 밭쳐 물기를 빼고, 쪽파는 송송 썰고, 김은 손으로 잘게 찢는다.

2 달군 팬에 올리브유를 두르고 달걀프라이 2개를 만든다.

쪽파, 김은 약간만 남겨 토핑으로 사용해요.

3 볼에 소스 재료를 모두 넣고 면, 쪽파, 김을 넣어 버무린다.

4 그릇에 버무린 면을 담고 달걀프라이를 올리고 김, 쪽파를 토핑한다.

망고프렌치토스트

집에서도 브런치 카페가 부럽지 않은 프렌치토스트 만들기, 어렵지 않아요.
먼저 통밀식빵을 달걀물에 푹 담가 노릇노릇하고 폭신하게 구워요.
기름기가 적은 부위의 베이컨으로 짭조름한 맛을 더해주고, 달콤하고 부드러운 망고까지 올리면
특별한 조리법이 없어도 재료 본연의 맛 조화가 환상적인 프렌치토스트가 완성돼요.

INGREDIENTS

○ 통밀식빵 1장
○ 망고 1/2개
○ 베이컨 3장
○ 달걀 2개
○ 그릭요거트 2큰술(30g)
○ 알룰로스 약간
○ 소금 약간
○ 올리브유 1큰술

RECIPE

1 식빵은 4등분 하고, 망고는 네모나게 칼집을 내 숟가락으로 걸어낸다.

2 달걀은 소금을 넣어 잘 풀고, 식빵을 2분간 푹 담가둔다.

3 달군 팬에 올리브유 1/2큰술을 두르고 베이컨을 앞뒤로 노릇하게 구워 덜어둔다.

남은 달걀물로 스크램블드에그를 만들어요.

4 같은 팬에 올리브유 1/2큰술을 둘러 달걀물 입힌 식빵을 앞뒤로 노릇하게 굽는다.

그릭요거트는 스쿱으로 동글게 떠요. 애플민트를 토핑하면 예뻐요.

5 접시에 프렌치토스트, 스크램블드에그, 베이컨, 망고를 올린 후 알룰로스를 뿌리고 그릭요거트를 올린다.

야채곱창맛닭볶음

특유의 향 때문에 호불호가 갈리지만, 좋아하는 사람은 정말 좋아하는 메뉴 돼지야채곱창.
다이어트 할 때는 멀리해야 하는 자극적인 고칼로리 음식이라는 게 슬플 뿐이에요.
그래서 디디미니가 닭가슴살과 건강한 재료들로 야채곱창 맛의 볶음요리를 선보입니다!
식이섬유 가득한 채소 덕분에 살찌지 않으면서 감칠맛과 풍미는 그대로 살렸으니 꼭 도전해 보세요.

✦ 3회 분량

○ 생닭가슴살 400g
○ 양배추 200g
　(각종 채소 추가 가능)
○ 양파 1/3개(90g)
○ 대파 1대(45cm)
○ 깻잎 17장
○ 컵누들 1개(매콤한맛)
○ 들깻가루 3큰술(취향껏)
○ 물 4큰술
○ 올리브유 1½큰술

✦ 양념장

○ 다진 마늘 1/2큰술
○ 다진 생강 1/3큰술
○ 고춧가루 1/2큰술
○ 간장 1큰술
○ 저당고추장 1큰술
○ 된장 1/2큰술
○ 알룰로스 2큰술
○ 컵누들 분말수프 1/3분량

깻잎은 물기를 잘 털어요.

1 양배추, 양파, 생닭가슴살은 한입 크기로 썰고, 대파는 어슷하게 썬다.

2 큰 볼에 양념장 재료를 넣어 잘 섞고, 생닭가슴살을 넣어 버무린다.

3 달군 팬에 올리브유 1½큰술을 두르고 양배추, 양파, 대파를 넣어 볶는다.

컵누들 마라맛을 사용해도 맛있어요.

4 컵누들은 수프를 제외하고 면만 넣은 채 뜨거운 물을 붓고 2분간 익힌다.

5 ③의 양배추가 숨이 죽으면 닭가슴살, 물을 넣고 닭의 겉면이 익을 때까지 볶다가 익힌 컵누들의 면만 넣어 섞는다.

6 깻잎을 뜯어 넣고 섞은 후 불을 끄고, 들깻가루를 뿌려 섞는다.

쪽파오이크림토스트

한식 재료인 쪽파는 빵과도 잘 어울린다는 사실을 아시나요? 그래서 최근에는
대파나 쪽파를 이용한 베이커리 제품도 많이 출시되고 있죠. 저는 건강한 통밀식빵에
쪽파와 오이, 참치, 그릭요거트까지 더해 단백질이 탄탄한 토스트를 자주 만들어 먹어요.
상큼하고 고소하면서도 알싸하게 씹히는 쪽파 향이 좋은 이 메뉴는 재료만큼이나 맛도 신선해요.

○ 통밀식빵 1장
○ 오이 1개
○ 쪽파 5줄기
○ 참치통조림 1개(100g)
○ 그릭요거트 1큰술(듬뿍)
○ 식물성마요네즈 1큰술
○ 레몬즙 1/2큰술
○ 후춧가루 약간
○ 소금 적당량

1 오이는 채칼로 최대한 가늘게 채 썰어 소금에 버무리고, 3~5분간 절인 후 물기를 꼭 짠다.

2 쪽파는 송송 썰고, 참치는 숟가락으로 눌러 기름을 뺀다.

식물성마요네즈가 없다면 그릭요거트를 1큰술 더 늘려 사용해요.

3 볼에 오이, 참치, 쪽파 1/2 분량, 그릭요거트, 마요네즈, 레몬즙, 후춧가루를 넣고 잘 섞는다.

4 마른 팬에서 식빵을 앞뒤로 노릇하게 굽고, 식빵에 쪽파오이크림을 충분히 올린 후 남은 쪽파를 토핑한다.

간단닭곰탕

따끈하고 담백한 국물 한 그릇이 생각날 때 10분 안에 만들 수 있는 요리가 있을까요?
물론이죠! 냉장고에 쌓인 닭가슴살과 자투리 채소, 시판 사골육수만 있으면
진한 맛의 닭곰탕이 완성되거든요. 간단한 재료에 조리법 또한 간단하지만
맛은 오랜 시간 우린 국물 이상으로 끝내준답니다. 처치 곤란 닭가슴살로 꼭 만들어 보세요.

INGREDIENTS

✦ 닭곰탕 2회 분량

○ 현미밥 120g

○ 생닭가슴살 270g

○ 대파 37cm(57g)

○ 무 1/4개(265g)

○ 시판 사골육수 2컵(400ml)

○ 물 3½컵(700ml)

○ 후춧가루 약간

RECIPE

닭가슴살을 얇게 저미면 빨리 익어 조리 시간이 줄어요.

1 대파의 흰 부분은 도톰하게 썰고, 녹색 부분은 얇게 송송 썰고, 무는 한입 크기로 썬다.

2 생닭가슴살은 얇게 반으로 저민다.

3 끓는 물에 생닭가슴살을 넣고 거품을 걷어가며 5분간 끓인다.

4 ③에 사골육수, 대파 흰 부분, 무를 넣고 끓이다가 무가 반투명해지면 불을 끄고, 닭가슴살은 건져 결대로 찢는다.

5 그릇에 밥, 닭곰탕 1/2 분량, 닭가슴살 1/2 분량을 담고, 대파의 녹색 부분, 후춧가루를 토핑한다.

허니콤보두부구이

달콤하고 짭조름한 프랜차이즈 치킨 전문점의 허니콤보가 생각날 땐,
무조건 허니콤보두부구이에 도전해 보세요. '단짠단짠' 속세의 맛은 그대로지만,
설탕 한 톨조차 들어가지 않았거든요. 디디미니만의 저당허니콤보소스에 '겉바속촉'한 두부구이의 조합이
정말 잘 어울려요. 저칼로리, 저지방, 식물성 고단백 레시피로 치킨 욕구가 사라질 거예요.

INGREDIENTS

○ 두부 1모(300g)
○ 청양고추 1개
○ 파슬리가루 약간
○ 올리브유 1/3큰술

✦ 허니콤보소스
○ 다진 마늘 1큰술
○ 카레가루 1/4큰술
○ 간장 2큰술
○ 굴소스 1/3큰술
○ 알룰로스 3큰술

RECIPE

1 두부는 키친타월 위에 올려 여러 번 꾹꾹 눌러 물기를 빼고, 고추는 송송 썬다.

> 숟가락, 나무젓가락 등을 두고 썰면 두부 아랫면까지 잘리지 않아 칼집을 내기 쉬워요.

2 두부 위아래에 숟가락 손잡이를 두고 가로세로로 4줄씩 칼집을 내 16조각의 칼집을 만든다.

3 팬에 허니콤보소스 재료, 고추를 넣고 약불에서 꾸덕꾸덕하게 졸이고, 소스 1/2 분량만 따로 덜어 올리브유를 섞는다.

4 올리브유를 섞은 소스를 칼집 낸 두부 사이사이에 넣어가며 바른다.

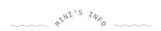

MINI'S INFO

양념치킨맛소스

두부구이에는
양념치킨맛 소스도 잘 어울려요.

으깬 땅콩 1줌, 청양고춧가루
1/3~1/2큰술, 스리라차소스
1/2큰술, 무가당케첩 1큰술,
알룰로스 1큰술, 카레가루
1/4큰술을 섞어 발라 구워 먹어요.

5 에어프라이어 200℃에서 10분간 가열한 후 남은 소스를 덧바르고, 파슬리가루를 뿌린다.

토마토닭무침

을지로 40년 전통의 닭무침 맛집 레시피를 디디미니식으로 건강하게 바꾼 메뉴예요.
닭가슴살로 단백질을 풍성하게 채우고, 상큼한 사과와 알싸한 양파로 맛도 알차게 채웠어요.
게다가 토마토를 활용해 나트륨과 당을 낮췄으니 살찔 걱정 없이 먹을 수 있어요.

✦ 2회 분량
○ 완조리닭가슴살 220g
○ 당근 1개(170g)
○ 양파 2/3개(86g)
○ 홍고추 1/2개
○ 사과 1/3개(130g)
○ 들기름 1/2큰술
○ 깨 1½큰술

✦ 양념
○ 다진 마늘 1큰술
○ 고춧가루 1큰술
○ 사과식초 3큰술
○ 토마토소스 2큰술
○ 알룰로스 1큰술

1 닭가슴살은 결대로 찢고, 당근, 사과, 고추는 얇게 어슷 썰고, 양파는 가늘게 채 썬다.

2 양념 재료는 잘 섞는다.

깨를 손바닥으로 으깨어 뿌리면 더 고소해요.

남은 닭무침은 밀폐용기에 넣어 냉장 보관하고 1~2일 내에 먹어요.

3 볼에 닭가슴살, 당근, 사과, 고추, 양파, 양념을 넣고 섞다가 들기름, 깨 1큰술을 넣고 버무려 그릇에 담고 남은 깨 1/2큰술을 토핑한다.

새송이크림뇨키

크림이 들어간 서양식 소스에 감자와 밀가루로 만든 뇨키가 더해진다면?
탄수화물과 지방의 조합이라 다이어트 중엔 피하는 것이 옳아요. 하지만 뇨키 대신
쫄깃한 새송이버섯을 넣고, 식물성음료로 꾸덕꾸덕 진한 크림을 만들면
살찌지 않고 건강한 다이어트 뇨키 완성! 모양 또한 뇨키 같아 하나씩 집어 먹는 재미도 있답니다.

INGREDIENTS

○ 새송이버섯 2개

○ 양파 1/4개(47g)

○ 앞다릿살베이컨 2장(50g)

○ 퀵오트밀 1큰술

○ 다진 마늘 1/2큰술

○ 식물성음료 1컵(200ml,
　혹은 무가당두유, 우유)

○ 피자치즈 25g

○ 후춧가루 약간

○ 파슬리가루 약간

○ 무염버터 1조각(10g)

RECIPE

1 버섯의 흰 기둥은 동그란 모양을 살려 도톰하게 썰고, 버섯의 갓 부분, 양파, 베이컨은 잘게 썬다.

2 팬에 약불로 버터를 녹이고, 버섯 기둥을 앞뒤로 노릇하게 구워 덜어둔다.

3 같은 팬에 버섯 갓, 양파, 베이컨, 다진 마늘을 볶다가 오트밀, 식물성음료, 피자치즈를 넣고 졸이듯 끓인다.

4 크림이 꾸덕꾸덕해지면 구운 버섯 기둥을 넣어 잘 섞고 후춧가루, 파슬리가루를 뿌린다.

당근오코노미야키

지용성비타민이 풍부한 당근은 토마토와 마찬가지로, 기름과 함께
열을 가하면 영양 흡수율이 높아진대요. 그러니 생으로 먹는 것보다는 익혀서 먹는 것이
훨씬 좋겠죠? 그래서 저는 채 썬 당근으로 오코노미야키를 만들어 봤어요.
입안에 은은하게 감도는 달콤한 당근의 맛이 색다를 뿐만 아니라 든든해서 더 만족스러운 메뉴예요.

○ 당근 1/2개(105g)

○ 청양고추 1개

○ 참치통조림 1개(100g)

○ 퀵오트밀 2큰술

○ 달걀 1개

○ 가쓰오부시 1/2줌(생략 가능)

○ 파슬리가루 약간

○ 올리브유 1큰술

✦ 소스

○ 물 1큰술

○ 간장 1/2큰술

○ 올리고당 1/2큰술

○ 식물성마요네즈 1/2큰술

다진 고추 1/2큰술은 양념장에 넣어야 하니 따로 덜어놔요.

1 당근은 채 썰고, 고추는 다지고, 참치는 숟가락으로 눌러 기름을 뺀다.

2 볼에 당근, 고추, 참치, 오트밀, 달걀을 넣고 잘 섞어 반죽한다.

3 달군 팬에 올리브유를 두르고 반죽을 평평하게 펼쳐 중불에서 앞뒤로 노릇하게 굽는다.

4 소스 재료에 덜어둔 다진 고추 1/2큰술을 넣고 전자레인지에서 20초간 가열해 잘 섞는다.

5 그릇에 당근오코노미야키를 담고 소스를 펴 바른 후 가쓰오부시, 파슬리가루를 뿌린다.

훈제오징어덮밥

한식을 사랑하는 다이어터에게 추천하고 싶은 메뉴 훈제오징어덮밥을 소개해요.
쫄깃쫄깃한 오징어가 섞인 자극적인 양념에 밥을 싹싹 비벼 먹는 그 맛!
이제 다이어트 중에도 느낄 수 있답니다. 채소를 듬뿍 넣어 포만감을 채우고,
나트륨과 당을 줄인 양념으로 죄책감 없이 한 그릇을 다 비울 수 있어요.

✦ 오징어볶음 2회 분량

○ 잡곡밥 120g
○ 손질 통오징어 1마리
　(약 230g)
○ 양배추 170g
○ 당근 1/2개(170g)
○ 양파 1/2개(88g)
○ 대파 40cm
○ 달걀 1개
○ 훈제파프리카가루 1/3큰술
　(생략 가능)
○ 들기름 1큰술
○ 깨 약간
○ 올리브유 1큰술

✦ 양념

○ 다진 마늘 1½큰술
○ 고춧가루 1/2큰술
○ 간장 1½큰술
○ 저당고추장 2/3큰술
　(혹은 고추장 1/2큰술)
○ 알룰로스 3큰술

대파, 양파는 꼭
넣어주세요.

1 오징어, 양배추, 당근은
먹기 좋게 작은 한입 크기로
썰고, 양파는 채 썰고, 대파는
어슷하게 썬다.

2 달군 팬에 올리브유 1/2큰술을
두르고 달걀프라이를 만들어
덜어둔다.

3 같은 팬에 올리브유 1/2큰술을
두르고 양배추, 당근을 볶다가
양파, 대파를 넣어 볶는다.

4 약불로 줄여 오징어, 양념
재료를 모두 넣어 비비듯 섞고,
센 불에서 3분간 볶다가 불을
끄고 훈제파프리카가루,
들기름을 섞는다.

남은 오징어볶음은
저탄수 면(곤약면,
두유면 등)에 비벼
비빔국수로 먹어도
맛있어요.

5 그릇에 밥, 훈제오징어볶음
1/2 분량, 달걀프라이를 올려
깨를 토핑한다.

MINI'S INFO

오징어 대신 닭가슴살이나
돼지고기, 소고기 등을 이용해서
요리해도 잘 어울리는 양념이에요.
이 양념에 훈제파프리카가루를
더해 독특한 훈제 향을 즐겨
보세요.

두부김말이

김말이튀김은 당면을 기름에 튀긴 것이라 아무리 맛있어도 다이어트 중엔
자제해야 하는 음식이에요. 그래도 먹고 싶을 땐 참기 어려우니 담백하고 가볍게 만들어 봐요.
튀김가루 대신 현미라이스페이퍼를, 당면 대신 두부면을 사용하고, 튀기는 대신 굽는 방법으로
매콤한 양념까지 더해 만드니, 맛은 물론 건강까지 챙길 수 있어요.

○ 두부면 1팩(100g)
○ 김밥김 2장
○ 현미라이스페이퍼 6장
○ 청양고추 2개
○ 후춧가루 약간
○ 올리브유 약간

✦ 소스
○ 다진 마늘 1/2큰술
○ 고춧가루 1/4큰술
○ 간장 1½큰술
○ 알룰로스 1큰술

1 두부면은 헹궈 체에 밭쳐 물기를 빼고, 고추는 세로로 반 갈라 씨를 제거한다.

2 소스 재료는 잘 섞는다.

3 달군 팬에 면, 소스를 넣고 물기가 졸아들 때까지 센 불에서 볶다가 후춧가루를 섞는다.

> 김은 거친 면이 재료와 닿게 펼쳐 사용해요.

4 김 위에 볶은 면 1/2 분량-고추 2조각을 올려 김밥을 만 후 끝부분에 생수를 발라 붙이고, 총 2줄의 김밥을 만든다.

> 라이스페이퍼는 뜨거운 물에 오래 담그면 찢어지니 살짝 담갔다 빼요.

5 김밥은 1줄당 3등분하고, 라이스페이퍼를 뜨거운 물에 담갔다 빼 김밥을 1개씩 올려 돌돌 말아 총 6개의 김말이를 만든다.

6 김말이에 올리브유를 바르고 에어프라이어 180℃에서 10분, 뒤집어서 5분간 굽는다.

> 팬에 올리브유를 조금 넉넉히 넣고 구워도 좋아요.

가지칠리구이

칠리소스에 찍어 먹는 중국식 가지튀김을 먹어 봤다면, 가끔씩 그 맛이 생각날 거예요.
물론 기름에 튀겨 만드니 다이어트와는 거리가 먼 음식이지만요. 그래서 튀김 대신
굽는 방법으로 맛있는 가지칠리구이를 만들어 봤어요. 달걀물을 묻혀 구운 가지가
튀긴 가지만큼이나 얼마나 맛있는지 몰라요. 디디미니표 저당칠리소스와 찰떡궁합이에요.

○ 가지 1개
○ 홍고추 1/2개
○ 달걀 2개
○ 유기농옥수수통조림 1큰술
○ 소금 약간
○ 올리브유 1½큰술

✦ 칠리소스
○ 타피오카전분 1/3큰술
○ 물 5큰술
○ 다진 마늘 1/4큰술
○ 식초 1큰술
○ 올리고당 2큰술
○ 무가당케첩 1½큰술
○ 스리라차소스 1/2큰술

1 가지는 1cm 두께로 둥글게 썰고, 고추는 다지고, 달걀은 소금을 살짝 넣어 잘 푼다.

2 내열용기에 칠리소스 재료의 타피오카전분, 물을 넣고 잘 섞어 전자레인지에서 1분간 가열한다.

3 ②에 고추, 나머지 소스 재료를 모두 넣고 잘 섞어 다시 전자레인지에서 40초간 가열해 칠리소스를 만든다.

4 달군 팬에 올리브유 1큰술을 두르고 가지에 달걀물을 입혀 앞뒤로 노릇하게 구워 덜어둔다.

5 같은 팬에 올리브유 1/2큰술을 두르고 남은 달걀물, 옥수수를 넣고 잘 휘저어 스크램블드에그를 만든다.

6 그릇에 가지, 스크램블드에그를 담아 칠리소스를 곁들인다.

크림양배추롤

식당에서 일본식 양배추롤을 먹는중에 번뜩이는 아이디어로 탄생한 초간단 양배추롤이에요.
정석 레시피는 집에서 만들기에는 손이 너무 많이 가고 기름지기도 해서,
간단하고 가볍게 변형해 봤어요. 자주 먹는 훈제오리로 단백질을 채우고,
크림도 다이어터에게 맞도록 바꿨더니 간편함 대비 맛은 최고, 소화력도 최고랍니다.

○ 양배춧잎 4장
○ 훈제오리 1봉(150g)
○ 우유 1⅔컵
○ 퀵오트밀 1큰술
○ 다진 마늘 1/3큰술
○ 유기농치킨스톡 1봉
　(액상/14ml, 혹은
　치킨스톡가루 1/2큰술)
○ 후춧가루 약간
○ 파슬리가루 약간

양배추 데친 물로
오리를 데치면
간편해요.

1 양배춧잎은 끓는 물에 넣고
2~3분간 데쳐 물기를 빼고,
훈제오리는 체에 밭쳐 뜨거운
물을 붓고 데쳐 물기를 뺀다.

양배추의 두꺼운 심지
부분은 칼로 얇게 도려내고
사용해요.

2 데친 양배추를 펼치고 훈제오리
3조각을 올려 롤처럼 돌돌 말고,
총 4개의 양배추롤을 만든다.

3 팬에 양배추롤을 올리고
우유, 다진 마늘, 치킨스톡을
넣고 중불에서 롤에 크림을
끼얹어가며 끓인다.

볶은 재료가 절반
정도 잠길 만큼 우유를
자작하게 부어요.

4 오트밀을 넣고 눌어붙지 않게
젓고 크림을 끼얹어 가며 약간
더 끓이다가, 소스가 1/3 정도
줄어들면 불을 끄고 후춧가루,
파슬리가루를 뿌린다.

달걀새우오픈토스트

입안에서 톡톡 터지는 새우, 몰랑몰랑 부드러운 달걀, 상큼한 요거트가 만나
고급스러운 브런치 메뉴가 탄생했어요. 하나하나 먹어도 맛있는 재료들이
한데 모여 조화를 이루니, 맛과 향은 물론이고 식감까지 좋아 먹을수록 빠져들어요.
재료를 함께 으깨서 빵에 올리는 간단한 레시피로 근사한 홈브런치를 즐겨 보세요.

INGREDIENTS

○ 통밀식빵 1장
○ 냉동새우 5마리(94g)
○ 반숙란 2개
○ 양파 1/5개(31g)
○ 와일드루꼴라 1/2줌(27g)
○ 그릭요거트 3큰술(50g)
○ 홀그레인머스터드 2/3큰술
○ 후춧가루 약간
○ 크러쉬드레드페퍼
　　1/3큰술+약간(토핑용)

RECIPE

1 냉동새우는 끓는 물에 데치고
체에 밭쳐 물기를 뺀다.

2 새우, 양파는 가위로 잘게
자르고, 루꼴라는 물기를 뺀다.

3 볼에 새우, 양파, 반숙란을
넣고 가위로 잘게 으깨고,
요거트, 머스터드, 후춧가루,
크러쉬드레드페퍼를 1/3큰술을
넣고 잘 섞는다.

4 마른 팬에서 식빵을 앞뒤로
노릇하게 굽고, 접시에 식빵-
루꼴라-새우샐러드 순으로 올려
크러쉬드레드페퍼를 토핑한다.

토마토참치찌개

한국인의 소울푸드 참치김치찌개는 얼큰하고 고소한 국물이 일품이지만, 나트륨 함량이
꽤 높아요. 하지만 다 방법이 있죠. 토마토 하나만으로 나트륨을 줄인
감칠맛이 높은 찌개가 완성되거든요. 적은 양의 김치와 청양고추, 그리고 미니의 킥인
토마토소스가 만나 상상 이상의 깊은 맛을 내요. 따끈한 한식이 생각날 때 만들어 보세요.

INGREDIENTS

✦ 찌개 2회 분량

○ 잡곡밥 120g

○ 토마토 2개(450g)

○ 참치통조림 2개(200g)

○ 김치 60g(묵은지)

○ 양파 1/4개(60g)

○ 청양고추 2개

○ 물 1⅓컵(270ml)

○ 참치액 1큰술(혹은 간장)

○ 고춧가루 1큰술

RECIPE

참치는 기름을
빼지 않고 국물까지
사용해요.

1 토마토는 크게 깍둑 썰고,
고추는 송송 썰고, 양파, 김치는
굵게 다진다.

잘 익은 묵은지가 없다면 식초를
1큰술 넣고 볶아요.

2 냄비에 참치, 김치, 양파, 고추를
넣고 볶다가 물을 넣고 센 불에서
끓인다.

3 토마토가 으깨지듯 익으면
참치액, 고춧가루를 섞어 가볍게
끓인다.

4 그릇에 1/2 분량을 덜어 밥을
곁들인다.

나머지 절반은
냉장 보관해
끓여 먹어요.

템페꼬마김밥

광장시장의 마약김밥은 한 번 먹으면 자꾸 생각나는 마성의 김밥이에요.
하지만 영양 밸런스를 중요시하는 다이어터에겐 단백질이 턱없이 부족한 음식이죠.
그래서 저는 식물성 단백질 템페를 넣어 고소함을 살리고, 곤약밥을 약간만 넣어
탄수화물을 줄여 만들었어요. 씹는 맛 또한 좋으니 사 먹는 것보다 맛있다고 느껴질 거예요.

○ 현미곤약밥 130g
○ 템페 100g
○ 김밥김 2장
○ 김밥단무지 1½줄
○ 당근 1/4개
○ 간장 1큰술
○ 알룰로스 1/2큰술
○ 들기름 약간
○ 깨 약간
○ 소금 약간
○ 올리브유 1큰술

✦ 겨자소스 2회 분량
○ 물 2큰술
○ 간장 1½큰술
○ 사과식초 1큰술
○ 알룰로스 1큰술
○ 연겨자 1/2큰술

1 템페, 단무지는 같은 길이로 얇게 썰고, 당근은 채 썰고, 김은 4등분 한다.

2 달군 팬에 올리브유 1/2큰술을 두르고 당근, 소금을 넣고 볶아 덜어둔다.

3 같은 팬에 올리브유 1/2큰술을 두르고 템페를 굽다가 간장, 알룰로스를 넣고 굽는다.

4 겨자소스 재료는 잘 섞는다.

김은 거친 면이 속 재료와 맞닿게 사용해요.

5 김 1장 위에 밥 1큰술-템페-단무지-당근을 넣어 총 8개의 김밥을 말고, 김밥에 들기름을 바르고 깨를 뿌려 겨자소스를 곁들인다.

양파갈레트

눈도 즐겁고 입도 즐거운 프랑스 요리 갈레트. 이제 집에서도 쉽게 만들어요.
물론 탄수화물 부담 없이 말이죠. 밀가루나 메밀 반죽 대신 양파와 달걀로 반죽을 만들면
영양도 채우면서 맛도 놓치지 않을 수 있어요. 모양마저 예뻐서 구워내는 시간도,
그림 그리듯이 토핑하는 시간도 즐거운 갈레트를 냉장고 속 다양한 재료로 응용해 보세요.

○ 양파 1개
○ 방울토마토 2개
○ 두부비엔나소시지 3개
○ 달걀 3개
○ 피자치즈 25g
○ 현미라이스페이퍼 2장
○ 와일드루콜라 약간
○ 홀그레인머스터드 1큰술
○ 소금 약간
○ 올리브유 1큰술

1 양파는 최대한 가늘게 채 썰고, 토마토는 2등분하고, 소시지는 칼집을 낸다.

2 달걀 2개는 소금을 넣어 잘 풀고, 루콜라는 물기를 뺀다.

3 달군 팬에 올리브유 1/2큰술을 두르고 토마토, 소시지를 노릇하게 구워 덜어둔다.

4 같은 팬에 올리브유 1/2큰술을 두르고 양파를 넣어 반투명해질 때까지 볶는다.

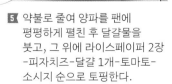

달걀 1개를 톡 깨뜨려 갈레트의 가운데에 올려요.

5 약불로 줄여 양파를 팬에 평평하게 펼친 후 달걀물을 붓고, 그 위에 라이스페이퍼 2장 -피자치즈-달걀 1개-토마토- 소시지 순으로 토핑한다.

6 달걀 테두리를 접어 네모나게 만들고, 약불에서 뚜껑을 덮어 달걀을 익힌 후 접시에 담아 루콜라, 머스터드를 토핑한다.

부주샐러드오픈토스트

정말 정말 맛있게 먹었던 대전 성심당 부추빵을 디디미니식으로 더 건강하게,
초간단 레시피로 바꾼 메뉴예요. 한입 베어 물자마자 너무 맛있어서 깜짝 놀랄 걸요?
빵을 좋아하는 빵순이 다이어터도 이제 살찔 걱정 없이 간편하게 만들어 먹어요.

INGREDIENTS

✦ 샐러드 2회 분량

○ 통밀식빵 1장

○ 부추 85g

○ 양파 1/4개(60g)

○ 닭가슴살슬라이스햄 3장

○ 반숙란 4개

○ 다진 마늘 1큰술

○ 식물성마요네즈 2큰술

○ 후춧가루 적당량

○ 크러쉬드레드페퍼 약간

○ 올리브유 1/2큰술

RECIPE

1 부추, 양파, 햄은 잘게 썬다.

2 달군 팬에 올리브유를 두르고
부추, 햄, 다진 마늘을 넣고
가볍게 볶아 불을 끄고 식힌다.

3 볼에 반숙란을 넣어 성글게
으깨고, 볶은 재료, 양파,
마요네즈, 후춧가루를 넣고
잘 섞는다.

4 마른 팬에서 식빵을 앞뒤로
노릇하게 구워 그릇에 담고,
부추샐러드 1/2 분량을 올리고
크러쉬드레드페퍼를 뿌린다.

남은 부추샐러드는
냉장 보관하여
3일 안에 먹어요.

MINI'S INFO

빵에 부추샐러드를 올릴 때
스쿱이나 숟가락으로 동그랗게
모양을 내어 올리면 귀여운
모양으로 완성되어 보기에도 좋고
사진도 잘 나와요.

토마토두부라자냐

이젠 다이어트 중에도 라자냐를 먹을 수 있어요. 넓은 밀가루면은 아니지만
담백한 두부를 라자냐 대신 사용하면 탄수화물 부담은 줄이고 식물성 단백질까지 듬뿍
섭취할 수 있답니다. 토마토소스와 두부가 자연스럽게 어우러진 맛이 정말 좋아요.

INGREDIENTS

○ 토마토 1개(185g)
○ 두부 2/3모(200g)
○ 양파 1/4개(60g)
○ 블랙올리브 1½큰술(5개)
○ 토마토소스 2큰술
○ 물 1/2컵(100ml)
○ 피자치즈 25g
○ 파슬리가루 약간
○ 올리브유 1½큰술

RECIPE

1 두부는 한입 크기로 얇게 썰고,
토마토는 크게 깍둑 썰고,
양파, 올리브는 크게 다진다.

2 달군 팬에 올리브유 1큰술을
두르고 두부를 앞뒤로 노릇하게
구워 덜어둔다.

3 같은 팬에 올리브유 1/2큰술을
두르고 토마토, 양파, 올리브를
넣어 토마토 색이 연해질 때까지
볶는다.

4 약불로 줄여 토마토소스, 물을
넣고 끓어오르면 다시 센 불에서
수분을 날려가며 졸이듯 볶는다.

5 오븐용기에 두부-토마토볶음
순으로 평평하게 4겹을
쌓은 후 피자치즈를 뿌리고,
에어프라이어 160℃에서 5분간
구워 파슬리가루를 뿌린다.

MINI'S INFO

에어프라이어가 없다면
마지막 과정에서 전자레인지에
넣고 치즈가 살짝 녹을 정도로만
가열해도 좋아요.

오오스테이크

오징어오트밀스테이크

속초에서 먹었던 오징어순대가 생각나서 집에 있는 재료를 몽땅 꺼내어 만들었더니
어느새 오징어순대 이상의 요리가 뚝딱 탄생했어요. 단백질 함량이 높고
지방이 적은 오징어는 다이어터에게 유용한 식재료인 건 모두 알고 있죠?
오징어에 고추와 토마토소스, 치즈까지 더한 오오스테이크로 색다른 맛을 즐겨 보세요.

○ 손질된 오징어몸통 2마리
  (200g)
○ 새송이버섯 1개
○ 청양고추 1개
○ 퀵오트밀 3½큰술(27g)
○ 토마토소스 1½큰술
○ 다진 마늘 1/2큰술
○ 피자치즈 20g

반죽이 뻑뻑해 보이지만 익으면서 오징어즙이 나와 촉촉해져요.

1 오징어는 물기를 빼고, 버섯은 굵게 다지고, 고추는 반 갈라 얇게 송송 썬다.

2 볼에 버섯, 고추, 오트밀, 토마토소스, 다진 마늘, 피자치즈를 넣어 잘 섞는다.

3 오징어 몸통 안에 반죽을 꾹꾹 눌러 넣고 끝을 꼬치로 고정해 총 2개의 오징어순대를 만든다.

4 에어프라이어 160℃에서 10분, 뒤집어서 5~7분 굽는다.

MINI'S INFO

오징어 속 반죽을 만들 때 오트밀은
재료를 뭉쳐주는 역할을 하니
입자가 큰 오트밀보다는 입자가
작은 퀵오트밀이나 오트밀 가루를
사용하길 추천해요.

가지소시지빵

맛도 모양도 재밌는 가지소시지빵. 라이스페이퍼와 얇게 슬라이스한 가지가
밀가루 대신 빵 역할을 하는 아이디어가 신선하지 않나요?
소시지와 옥수수까지 들어가 있어 씹을 때마다 톡톡, 탱글탱글해서
신선한 발상만큼이나 맛 또한 재미있어요. 가족과 함께하는 주말 특식으로도 좋답니다.

INGREDIENTS

○ 가지 1개
○ 닭가슴살소시지(2개, 120g)
○ 현미라이스페이퍼 6장
○ 양파 1/7개(13g)
○ 유기농옥수수통조림 2큰술
○ 토마토소스 1큰술
○ 피자치즈 20g
○ 파슬리가루 약간
○ 올리브유 약간

RECIPE

1 가지는 필러로 얇고 길게 썰고,
양파는 잘게 다진다.

2 볼에 양파, 옥수수,
토마토소스를 넣고 잘 섞는다.

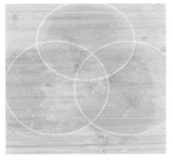

3 라이스페이퍼는 뜨거운 물에
잠시 담갔다 빼 도마 위에 삼각형
모양으로 가운데를 겹쳐 가며 3장
모두 펼친다

4 라이스페이퍼 위에 가지 1/2
분량–소시지 1개를 올려
월남쌈처럼 돌돌 말고, 총 2개의
가지빵을 만든다.

5 종이포일에 올리브유를 바르고
가지소시지빵을 올린 후 가위로
한입 크기의 칼집을 군데군데
깊게 넣고 지그재그로 펼친다.

6 ②의 토마토소스를 칼집
사이사이에 넣어 피자치즈,
올리브유를 뿌리고,
에어프라이어 180℃에서 5분간
구운 후 파슬리가루를 뿌린다.

크래미차지키 오픈토스트

상큼하고 향긋한 차지키소스는 다이어트 중에 먹어도 부담 없는 소스라 여기저기에 곁들이기 좋아요.
갓 구운 빵에 발라 먹어도 맛있지만, 여기에 게맛살을 섞어 보세요. 단백질을 채워 주고 특별한 감칠맛을 내어
색다른 풍미를 느낄 수 있을 거예요. 브런치 카페의 오픈토스트가 부럽지 않아요.

INGREDIENTS

○ 통밀식빵 1장
○ 게맛살 2개
○ 차지키소스 3큰술
　（120g, 166쪽）
○ 레몬제스트 약간

RECIPE

1 게맛살은 손으로 비벼 잘게 찢고, 차지키소스를 넣어 잘 섞는다.

2 마른 팬에서 식빵을 앞뒤로 노릇하게 굽는다.

허브 중에 딜을 토핑하면 향이 잘 어울려요. 생딜 대신 마른 딜도 좋아요.

3 접시에 식빵을 담고 차지키샐러드를 올린 후 레몬제스트를 뿌린다.

MINI'S INFO

레몬제스트는 레몬을 소금으로 깨끗이 씻고 레몬의 노란 껍질 부분만 얇게 그라인더로 갈아 사용해요.

고추참치배추롤

배추의 단맛과 매콤한 저당고추참치의 조합이 좋아서 두 재료를 돌돌 말아 롤을 만들었어요.
배추는 달콤함을 더 끌어올리면서 참치를 잘 품을 수 있게 살짝 데쳐서 사용해요.
김밥이나 롤 만들기에 자신이 없는 친구들도 쉽게 만들 수 있으니 꼭 도전해 보세요.

INGREDIENTS

○ 알배춧잎 4장

○ 현미밥 100g

○ 저당고추참치 125g(142쪽)

○ 김밥김 1장

RECIPE

1 배춧잎은 끓는 물에 하얀 줄기가 잠기게 넣고 뚜껑을 닫아 2분간 데쳐 찬물에 헹군다.

2 배추는 물기를 제거하고 잎을 약간씩 겹쳐가며 김 크기로 펼친다.

3 배춧잎 위에 김-밥-저당고추참치를 올려 김밥을 말아 먹기 좋게 썬다.

✦ 저당고추참치 ✦

고추참치는 맛있는 만큼 당과 나트륨이 많아요. 그래서 저는 일반 참치에
저당고추장과 갖은 양념을 섞어 고추참치를 직접 만들어요. 홈메이드 고단백저당고추참치는
건강한 데다 맛도 좋아 다양한 요리에 활용할 수 있어 편리해요. 김밥이나
샌드위치를 만들거나 밥이나 면을 곁들이면 든든한 한 끼가 돼요.

✦ 2회 분량(250~300g)
○ 참치통조림 2개(200g)
○ 청양고추 1개
○ 양파 1/4개(75g)

✦ 양념
○ 다진 마늘 1/2큰술
○ 고춧가루 1/2큰술
○ 간장 1/2큰술
○ 무가당케첩 1큰술
○ 알룰로스 1큰술
○ 저당고추장 1큰술
  (혹은 고추장 2/3큰술)

RECIPE

참치는 체에 밭쳐 끓는
물을 부어 기름을 빼면
더 담백해요.

1 참치는 숟가락으로 눌러 기름을
빼고, 양파, 고추는 다진다.

2 달군 팬에 참치, 양파, 고추를
넣고 뭉친 참치를 풀어가며 살짝
볶는다.

밀폐용기에 넣고
냉장 보관하여
3~4일 내에 먹어요.

3 불을 끄고 양념 재료를 모두
넣은 후 다시 중불에서 양파가
반투명해질 때까지 볶는다.

✦ 응용요리 ✦

140P

고추참치배추롤

귀차니스트를 위한
초스피드 비빔밥 &
원팬 메뉴

PART 4

한 그릇 요리

전자레인지배추죽

너무 바쁘거나 힘들 때는 칼질을 하는 것도, 불을 쓰는 것도 번거롭지 않나요?
그럴 때는 고민하지 말고 전자레인지배추죽을 떠올리세요. 가위로 툭툭 자른 배추에
단백질이 듬뿍 든 참치와 달걀, 현미밥을 섞어 전자레인지로 가열하면 끝이거든요.
익힌 배추의 단맛과 다른 재료들의 감칠맛이 어우러져 입안 가득 깊은 맛이 느껴져요.

INGREDIENTS

○ 현미밥 130g
○ 알배춧잎 3장(124g)
○ 참치통조림 1개(100g)
○ 달걀 1개
○ 다진 마늘 1/2큰술
○ 참치액 1/2큰술(혹은 간장)
○ 물 1컵(200ml)
○ 깨 약간

RECIPE

1 내열용기에 배춧잎을 가위로 잘게 잘라 넣고, 참치는 숟가락으로 기름을 뺀다.

2 배추에 밥, 참치, 달걀, 다진 마늘, 참치액, 물을 넣고 잘 섞는다.

3 뚜껑을 덮고 전자레인지에서 2분간 가열해 잘 섞고, 이 과정을 2번 더 반복해 총 6분간 가열한 후 깨를 뿌린다.

컵누들그라탱

컵누들은 다이어트 중 라면을 대신해서 먹으면 죄책감을 덜어주는 제품이에요.
하지만 이것만 먹으면 영양도 포만감도 부족한 게 사실이죠. 이젠 간편한 컵누들에
단백질 재료를 듬뿍 넣어 더 건강하고 배부른 컵누들그라탱을 만들어 보세요.
맛있어서 이미 많은 분들에게 인정받은 만큼, 자꾸자꾸 생각나는 메뉴가 될 거예요.

○ 컵누들 1개(로제맛)
○ 양파 1/3개
○ 게맛살 1개
○ 순두부 2/3봉
○ 피자치즈 20~30g
○ 물 적당량
○ 파슬리가루 약간

1 컵누들에 면만 넣고 뜨거운 물을 부어 2분간 익힌다.

2 내열용기에 양파를 가위로 채 썰 듯 잘라 넣고, 게맛살은 결대로 찢어 넣고, 순두부는 먹기 좋은 크기로 잘라 올린다.

컵누들은 짜장맛, 마라맛 등 좋아하는 맛을 활용해요.

3 익은 컵누들의 물을 버리고 액상수프, 분말수프를 넣어 잘 섞는다.

4 컵누들을 ② 위에 올려 평평하게 펼치고 피자치즈를 올린 후 전자레인지에서 2분간 가열해 파슬리가루를 뿌린다.

원팬오리오이볶음밥

너무 바빠서 초간단 메뉴만 찾는 다이어터를 위해 10분 이내로 완성할 수 있는
초간단 원팬 메뉴를 가지고 왔어요. 영양이 풍부해서 감량 식단에 자주 쓰이는 훈제오리에
상큼하고 아삭하게 씹히는 식감을 주는 오이를 넣어요. 여기에 고깃집 불판처럼
가장자리에 달걀물까지 두르고 치즈를 뿌려 익히면 근사한 요리가 뚝딱 만들어져요.

INGREDIENTS

○ 잡곡밥 100g
○ 훈제오리 1/2봉(75g)
○ 오이 1개
○ 대파 1/3대(15cm)
○ 달걀 2개
○ 피자치즈 20g
○ 다진 마늘 1/2큰술
○ 굴소스 1/2큰술
○ 간장 1/2큰술
○ 파슬리가루 약간
○ 올리브유 1/2큰술

RECIPE

1 훈제오리는 체에 밭쳐 뜨거운
물을 붓고 데쳐 물기를 빼고,
달걀은 잘 푼다.

2 오리, 대파, 오이는 가위로 한입
크기로 잘라 팬에 넣고, 다진
마늘을 넣어 중불에서 볶는다.

3 밥, 굴소스, 간장을 넣고
섞어가며 볶다가 약불로 줄인다.

4 볶음밥을 팬 가운데에 동그랗게
모으고, 가장자리에 올리브유를
둘러 달걀물을 붓고 피자치즈를
뿌려 뚜껑을 덮어 익힌다.

> 달걀이 익으면 불을 끄고,
> 파슬리가루를 뿌려
> 팬째 두고 먹어요.

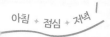

채소듬뿍수프

차가운 풀만 먹는 배고픈 다이어트는 이제 그만! 넉넉한 양의 채소를 끓여 만들어
만족할 만큼 배부르고 속까지 따뜻하게 해주는 채소듬뿍수프로 다양한 요리를 즐겨 보세요.
수프에 두유면이나 곤약면 같은 저탄수 면을 더하면 쌀국수가 되고, 밥을 더하면 국밥이 돼요.
이 메뉴를 맛본다면 앞으로 온라인 마켓이나 동남아 여행지에서 쌀국수스톡을 꼭 구입하게 될 거예요.

✦ 2~3회 분량

○ 알배추 1/2개(300g)

○ 숙주 200g

○ 생목이버섯 200g
  (혹은 불린 건목이버섯)

○ 쪽파 1/2줌(41g)

○ 고수 3줄기(30g)

○ 두부 500g

○ 새우 200g

○ 쌀국수스톡 1포
  (2큐브, 150g)

○ 물 5컵(1L)

○ 라임즙 1큰술

○ 칠리소스 1큰술

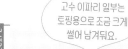

고수 이파리 일부는 토핑용으로 조금 크게 썰어 남겨둬요.

1 배추는 줄기는 좁게, 잎은 넓게 썰고, 두부, 고수, 버섯은 한입 크기로 썰고, 쪽파는 송송 썬다.

2 3L 이상 냄비에 배추, 두부, 물을 넣고 배추의 숨이 죽을 때까지 끓인다.

3 쌀국수스톡, 새우를 넣고 끓어오르면 버섯, 숙주를 넣고 숙주의 숨이 죽을 때까지 끓인다.

4 쪽파, 고수, 라임즙을 넣어 살짝 끓이고, 그릇에 담아 고수를 토핑해 칠리소스를 곁들인다.

MINI'S INFO

쌀국수스톡

시판 쌀국수스톡은 육수 맛의 종류가 다양해서 입맛 따라 골라 사용할 수 있어요. 소고기, 돼지고기, 닭고기, 해산물 등 각각의 재료를 우려낸 육수로 만들어 제품마다 맛의 특징이 달라요. 저는 담백한 소고기 육수나 닭고기 육수를 주로 사용해요.

달걀유부죽

냉동실에 유부슬라이스 한 봉지를 가지고 있으면 왠지 모르게 마음이 든든해져요.
유부는 식감도 좋고 단백질을 채울 수 있을 뿐만 아니라, 고소한 맛과 향 덕분에
다양한 요리에 활용할 수 있으니까요. 특히 달걀유부죽은 꼭 만들어 보길 추천해요.
모든 재료를 넣고 끓이기만 하면 되는 초간단 레시피지만 맛은 얼마나 좋은지 몰라요.

INGREDIENTS

○ 현미밥 120g

○ 달걀 2개

○ 냉동유부슬라이스
　1½줌(50g)

○ 쪽파 4줄기(20g)

○ 청양고추 1개

○ 물 2컵(400ml)

○ 굴소스 1큰술

○ 들기름 1큰술

○ 깨 약간

RECIPE

1 달걀은 잘 풀고, 쪽파, 고추는
얇게 송송 썬다.

쪽파는 토핑을 위해
약간만 남겨둬요.

2 냄비에 밥, 유부, 쪽파, 고추,
물을 넣고 중불에서 끓인다.

3 팔팔 끓으면 굴소스를 넣고
달걀물을 둘러 부어 달걀이 익을
때까지 끓이다가 불을 끄고,
들기름을 섞어 쪽파를 토핑한다.

MINI'S INFO

유부슬라이스

유부를 가늘게 썬
냉동유부슬라이스는 국물요리나
덮밥의 재료, 각종 토핑으로
활용하기 좋아요. 제품을 구입할 땐
되도록이면 국내산 콩으로 만든
국산유부슬라이스를 선택하세요.

배추볶음밥

배는 고픈데 이것저것 준비하기 귀찮을 땐 팬 하나에 재료를 몽땅 넣고
휘리릭 볶으면 끝나는 볶음밥이 최고예요. 채소나 부재료도 여러 가지 준비할 필요가 없어요.
배추와 달걀, 김만 있으면 끝! 달콤한 배추와 고소한 김이 음식 맛을 확 끌어당기고
달걀 3개가 단백질까지 꽉 채워줘요. 식이섬유 또한 풍부해 밥 양을 줄여도 포만감이 좋아요.

○ 잡곡밥 100g

○ 알배춧잎 7장(200g)

○ 달걀 3개

○ 김밥김 1장

○ 다진 마늘 1/2큰술

○ 굴소스 1/2큰술

○ 들기름 1큰술

○ 올리브유 1큰술

1 배춧잎은 가늘게 채 썰고, 달걀은 잘 푼다.

2 달군 팬에 올리브유를 두르고 배추, 다진 마늘을 넣고 배추의 숨이 죽을 때까지 볶는다.

3 배추를 팬 한쪽으로 몰아두고, 남은 팬 공간에 달걀물을 부어 휘저으며 촉촉한 스크램블드에그를 만든 후 달걀과 배추를 섞는다.

4 약불에서 밥, 굴소스를 넣어 살짝 볶다가 불을 끄고, 김을 찢어 넣고 들기름을 섞는다.

오이새우볶음밥

오이를 밥과 함께 볶아서 먹는 것이 생소하게 느껴지나요? 그렇다면 꼭 한 번
오이와 새우를 넣어 동남아의 건강한 맛과 향을 살린 볶음밥을 만들어 보세요.
탱글한 새우와 부드러운 달걀, 살짝 볶아 싱그러운 향이 살아난 오이의 어울림이
무척이나 매력적이거든요. 마지막에 뿌리는 라임즙 한 바퀴 또한 특별한 맛을 선사하니 잊지 마세요.

INGREDIENTS

○ 잡곡밥 100g

○ 오이 1개(혹은 파프리카)

○ 냉동새우 4마리(큰 것)

○ 달걀 2개

○ 깻잎 약간

○ 다진 마늘 1/2큰술

○ 간장 1큰술

○ 참치액 1/3큰술
  (혹은 간장)

○ 소금 약간

○ 라임즙 1/2큰술
  (혹은 레몬즙)

○ 올리브유 1큰술

RECIPE

오이 대신 빨강 혹은 노랑파프리카를 사용해도 좋아요.

1 새우, 오이는 작은 한입 크기로 썰고, 깻잎은 가늘게 채 썰고, 달걀은 소금을 넣어 잘 푼다.

2 달군 팬에 올리브유 1/2큰술을 두르고 달걀물을 붓고 휘저어 촉촉한 스크램블드에그를 만들어 덜어둔다.

새우가 주황빛이 돌 때 다른 재료를 넣어 볶아요.

3 같은 팬에 올리브유 1/2큰술을 두르고 새우, 다진 마늘을 볶다가 밥, 오이, 스크램블드에그, 간장, 참치액, 라임즙을 넣어 볶는다.

4 그릇에 볶음밥을 담고 깻잎을 토핑한다.

MINI'S INFO

볶음밥을 예쁘게 플레이팅 하려면 오목한 그릇에 밥을 잘 눌러 넣고 완성 접시에 뒤집어 담아요. 레스토랑처럼 봉긋하게 솟아 오른 모양으로 세팅되어 사진이 잘 나와요. 깻잎이나 허브 등을 토핑하면 더 싱그러워요.

부추고수장비빔밥

한 번도 안 해 먹을 수는 있어도 한 번만 해 먹지는 못할 마성의 메뉴를 소개해요.
냉장고 필수 재료인 달걀, 김과 낫토, 그리고 디디미니만의 레시피로 탄생한
부추고수장만 있으면 금세 만들 수 있는 초간단 레시피예요. 재료와 과정은 간단하지만
여느 비빔밥 전문점과 겨눌 수 있을 만큼 고급스럽고 독특한 맛을 자랑한답니다.

INGREDIENTS

○ 현미밥 130g

○ 달걀 2개

○ 낫토 1팩

○ 김밥김 1장

○ 부추고수장 2큰술(72쪽)

○ 들기름 1큰술

○ 깨 약간

○ 올리브유 1/2큰술

RECIPE

1 달군 팬에 올리브유를 두르고 달걀프라이 2개를 만든다.

2 그릇에 밥을 담고 김을 찢어 올린다.

3 달걀프라이 2개, 낫토, 부추고수장을 둘러 담고 들기름, 깨를 뿌려 비벼 먹는다.

버섯게살수프

고급 중국요리 전문점에서 맛볼 수 있는 게살수프를 집에서 간단하게 만들어 봐요.
구하기 어렵고 비싼 게살 대신 간편한 게맛살을 활용하고, 쫄깃하게 씹히는 팽이버섯으로
식감과 포만감을 더해요. 게살수프만의 보들보들 부드러운 식감을 달걀로 감싸 완성하니
입안 가득 느껴지는 감미로움이 몸속까지 따뜻하게 전해져요.

✦ 2-3회 분량

○ 팽이버섯 1봉

○ 게맛살 4개

○ 쪽파 2줄기

○ 달걀 3개

○ 물 3컵(600ml)

○ 유기농치킨스톡 1봉
　(액상 / 14ml, 혹은
　치킨스톡가루 1/2큰술)

○ 간장 1큰술

○ 타피오카전분 2/3큰술

○ 소금 약간

○ 깨 약간

버섯은 비닐째 밑동을
잘라 비닐 안에 물을
넣어 헹구면 편해요.

1 팽이버섯은 밑동을 잘라 헹궈 물기를 빼고, 달걀은 소금을 넣어 잘 푼다.

2 냄비에 게맛살, 버섯을 결대로 찢어 넣고 물, 치킨스톡, 간장을 넣어 끓이며 중간중간 거품을 걷어낸다.

3 전분, 달걀물을 넣고 저어가며 끓이다가 가위로 쪽파 1½줄기를 송송 썰어 넣고 뚜껑을 덮어 끓인다.

4 불을 끄고 남은 쪽파 1/2줄기를 잘라 토핑하고 깨를 뿌린다.

MINI'S INFO

타피오카전분

카사바 뿌리에서 추출한
타피오카가루는 밀가루가 들어 있지
않은 글루텐 프리 재료로 소화가 잘
되고, 일반 전분보다 칼로리가 낮아
수프, 소스, 디저트, 베이커리 등
다양한 요리에 사용해요.

차지키비빔밥

이 또한 낯선 조합이라 고개를 갸우뚱할 수 있는 재료들의 만남이지만,
이미 미니언쥬들 사이에서 맛을 인정받은 '맛잘알' 디디미니표 개성 만점 비빔밥이에요.
그리스식 소스인 차지키에 한국 된장을 우연히 섞어 봤는데 너무 맛있더라고요.
참신한 메뉴 하나가 지루한 다이어트에 상큼한 활력을 불어넣어 줄 거예요.

○ 잡곡밥 120g
○ 참치통조림 1개(100g)
○ 차지키소스 3큰술
　　(130g, 166쪽)
○ 검은콩낫토 1팩
○ 양파 1/3개(45g)
○ 된장 1/2큰술

1 양파는 잘게 다지고, 참치는
　숟가락으로 눌러 기름을 뺀다.

2 그릇에 밥을 담고 참치, 양파,
　낫토, 차지키소스를 둘러
　담는다.

사용하는 된장의
짠맛의 정도에 따라
양을 조절해요.

3 가운데에 된장을 올리고 잘 비벼
　먹는다.

✦ 차지키소스 ✦

건강하고, 향긋하고, 가벼운 재료들이 만나 놀라운 맛을 내는 차지키소스는
지중해식 식단에 많이 쓰이는, 단백질이 가득한 소스예요. 그래서 다이어트 중에도
부담 없이 먹을 수 있고, 빵과 밥, 채소 요리 등 생각보다 더 다양한 메뉴에 사용된답니다.
영양은 물론이고 향과 맛, 식감이 살아 있는 차지키소스로 다채로운 감량 식단을 완성해 봐요.

○ 오이 1개(180g)
○ 그릭요거트 250g
○ 생딜(허브) 10g
○ 다진 마늘 1/2큰술
○ 레몬 1개
   (레몬제스트+레몬즙 1½큰술)
○ 소금 1/4큰술
○ 올리브유 2큰술

레몬은 베이킹소다를 푼 물이나 소금물로 씻거나 끓는 물에 살짝 데쳐요.

남은 레몬은 2등분해 즙을 짜서 레몬즙 1½큰술을 만들어요.

1 오이는 채칼로 둥글고 얇게 썰어 소금에 10분간 버무려 절이고, 레몬은 깨끗이 씻는다.

2 딜의 줄기는 최대한 잘게 다지고, 이파리는 잘게 썰고, 레몬은 껍질 부분만 그라인더에 갈아 제스트를 만든다.

2 절인 오이는 물기를 꽉 짜 딜, 요거트, 레몬제스트, 레몬즙, 다진 마늘, 올리브유를 넣고 잘 섞는다.

3 열탕 소독한 밀폐용기에 담아 냉장 보관해 일주일 이내에 먹는다.

MINI'S INFO

차지키소스의 핵심은 딜이 가진 특유의 향에 있어요. 하지만 딜이 없다면 바질이나 깻잎을 사용해 만들어 보세요. 오리지널 차지키소스와는 다른 맛이 나겠지만, 바질 향, 깻잎 향이 나는 특별한 맛의 소스를 즐길 수 있을 거예요.

✦ 응용요리 ✦

차지키비빔밥

크래미차지키오픈토스트

김밥,
샌드위치 등
포만감이
오래가는

PART 5

도시락

맵크래미샌드위치
매운게맛살샌드위치

맵크래미샌드위치는 담백한 게맛살을 매콤하게 양념하고 낫토와 각종 채소를 추가해
동·식물성 단백질과 비타민, 식이섬유까지 골고루 섭취할 수 있는 메뉴죠.
평소 샌드위치를 즐기지 않거나 한식을 좋아하더라도
이 샌드위치는 매콤한 요리 같아서 감탄하며 먹을 거예요.

INGREDIENTS

✦ 2회 분량

○ 통밀식빵 2장

○ 게맛살 4개

○ 검은콩낫토 1팩
  (혹은 삶은 달걀 1개)

○ 토마토 1/2개

○ 오이 1/4개

○ 청양고추 1개

○ 청상추 6장

○ 슬라이스치즈 1장

○ 고춧가루 1/3큰술

○ 스리라차소스 1½큰술

○ 식물성마요네즈 1큰술

RECIPE

낫토 대신 삶은 달걀 1개를 으깨어 넣어도 좋아요.

1 고추는 길게 반 갈라 씨를 빼 잘게 썰고, 토마토, 오이는 둥글고 얇게 썰고, 상추는 물기를 뺀다.

2 볼에 게맛살을 결대로 찢어 넣고, 고추, 낫토, 고춧가루, 마요네즈, 스리라차소스를 섞어 맵크래미샐러드를 만든다.

3 마른 팬에서 식빵을 앞뒤로 노릇하게 굽는다.

4 종이포일 위에 식빵 1장-치즈- 맵크래미-오이-토마토-상추- 식빵 1장 순으로 올려 포장하고 2등분한다.

반쪽은 점심, 남은 반쪽은 아침이나 간식으로 먹어요.

바나나잠봉샌드위치

한입 베어 물면 입안에 '단짠단짠'의 행복이 퍼지는 디디미니의 최애 샌드위치 레시피 중 하나인
바나나잠봉샌드위치를 소개해요. 고소한 맛을 가진 프로틴에 소량의 식물성음료를 섞어
땅콩버터 부럽지 않은 스프레드를 만들고, 짭짤한 햄, 달콤한 바나나를 곁들이면
맛도 영양도 훌륭한 고급 샌드위치가 된답니다. 피크닉이나 도시락 메뉴로도 추천해요.

INGREDIENTS

✦ 2회 분량

○ 통밀식빵 1장

○ 바나나 1개

○ 식물성프로틴가루 3큰술
   (45g, 곡물맛)

○ 사각잠봉 6장
   (혹은 닭가슴살슬라이스햄)

○ 슬라이스치즈 1장

○ 식물성음료 8큰술
   (혹은 무가당두유, 우유)

○ 소금 약간

RECIPE

1 바나나는 길게 반 갈라 각각
2등분하고, 볼에 프로틴,
식물성음료, 소금을 넣고
잘 섞어 스프레드를 만든다.

2 마른 팬에서 식빵을 앞뒤로
노릇하게 굽는다.

3 종이포일을 깔고 식빵에
스프레드 1/2 분량을 펴 바르고,
바나나-남은 스프레드-치즈-
잠봉 순으로 올린다.

6:4로 2등분해 점심과
아침 혹은 점심과
간식으로 먹어요.

4 종이포일로 샌드위치를 감싸
포장한 후 2등분한다.

MINI'S INFO

스프레드를 만들 적당한 맛의
프로틴이 없다면,
무가당땅콩버터를 1/2큰술~1큰술
정도 발라 완성해요.

브로콜리마요김밥

식사로 김밥 한 줄만 먹는다고 하면 왠지 배가 부르지 않을 것 같지만,
이 김밥은 달라요. 단백질 재료인 참치와 몸에 좋은 브로콜리로 마요네즈샐러드를 만들어
김밥 안에 푸짐하게 넣었거든요. 밥은 100g만 넣었지만, 먹다 보면
만족스러운 포만감에 기분까지 좋아져요. 맛을 업그레이드 해주는 고추냉이는 꼭 넣어 주세요.

○ 김밥김 1½장
○ 현미곤약밥 100g
○ 브로콜리 90g
○ 참치통조림 1개(100g)
○ 깻잎 8장
○ 슬라이스치즈 1장
○ 청양고추 1개
○ 김밥단무지 2줄
○ 식물성마요네즈 1큰술
○ 고추냉이 1/2큰술
○ 들기름 약간

브로콜리에 함유된 항산화물질 설포라판은 열에 파괴되기 쉬워 단시간에 찌듯이 익히면 좋아요.

1 브로콜리는 찜기에 넣고 90초간 쪄 물기를 뺀다.

2 브로콜리는 잘게 다지고, 고추는 길게 2등분하고, 참치는 숟가락으로 눌러 기름을 뺀다.

3 볼에 브로콜리, 참치, 마요네즈, 고추냉이를 넣고 잘 섞어 브로콜리마요를 만든다.

4 치즈를 3등분해 김 1/2장 끝에 나란히 올리고, 나머지 김 1장을 치즈 위에 올려 이어 붙여가며 연장한다.

MINI'S INFO

브로콜리는 봉오리 부분에 유막과 같은 기름 성분이 있어 흐르는 물로 씻어도 사이사이의 이물질을 제거하기 어려워요. 브로콜리를 통째로 20분간 물에 담가두었다가 썰고 다시 흐르는 물로 헹구어 사용해요.

김밥 윗부분에 들기름을 발라 먹기 좋게 썰어요.

5 밥을 넓게 펴 올리고 깻잎 4장- 고추 2조각-단무지 2줄- 브로콜리마요-깻잎 4장 순으로 올려 김밥을 만다.

묵은지당근김밥

잘 익은 묵은지를 헹궈서 김밥 속에 넣으면 아삭아삭한 식감과 상큼한 맛이
약간은 밋밋할 수 있는 김밥에 활기를 불어넣어 줘요. 여기에 볶을수록 달콤해지며
영양 흡수율까지 좋아지는 당근을 듬뿍 넣어주세요. 마지막으로 도톰하게 돌돌 말아서
폭신폭신한 달걀말이까지 한데 모이면, 김밥 한 줄이 행복한 맛을 선물할 거예요.

○ 김밥김 1½장
○ 현미곤약밥 100g
○ 당근 2/3개(130g)
○ 김치 30g(묵은지)
○ 달걀 3개
○ 슬라이스치즈 1장
○ 소금 약간
○ 들기름 약간
○ 올리브유 1큰술

1 당근은 가늘게 채 썰고, 김치는 양념을 헹구고, 달걀은 소금을 넣고 잘 푼다.

2 달군 팬에 올리브유 1/2큰술을 두르고 약불에서 달걀물을 붓고 달걀말이를 만들어 덜어둔다.

3 같은 팬에 올리브유 1/2큰술을 두르고 당근을 살짝 볶는다.

4 치즈를 3등분해 김 1/2장 끝에 나란히 올리고, 나머지 김 1장을 치즈 위에 올려 이어 붙여가며 연장한다.

김밥 윗부분에 들기름을 발라 먹기 좋게 썰어요.

5 밥을 넓게 펴 올리고 달걀말이-당근-김치를 올려 김밥을 만다.

MINI'S INFO

김을 치즈나 밥으로 이어 붙여 연장할 때는 작은 김을 도마 하단에 두고 큰 김을 올려 이어 붙여요. 그래야 연장한 부분이 김밥 속으로 말려 들어가 김밥을 썰 때 분리되지 않고 깔끔하게 썰려요.

쪽파미니김밥

햄이나 깻잎, 우엉 등은 김밥의 단골 재료이지만, 쪽파를 넣은 김밥은 보지 못했을 걸요?
저는 생쪽파의 알싸하면서도 개운한 맛이 좋아서 쪽파 1줄기를 넣고
한입에 쏙쏙 들어가는 미니김밥을 만들어 봤어요. 미니김밥이라 만들기도, 먹기도 편한 데다
단백질과 식이섬유, 포만감까지 더해져 점심 도시락으로도 든든해요.

○ 김밥김 2장

○ 현미밥 130g

○ 깻잎 4장

○ 닭가슴살슬라이스햄 4장

○ 쪽파 2줄기

○ 김밥단무지 2줄

○ 김밥용우엉조림 2줄

○ 들기름 1큰술+약간

1 밥에 들기름 1큰술을 넣고 잘 비빈다.

2 김 1장 위에 밥의 1/2 분량을 펴 올리고, 도마 위에 깻잎 2장- 햄 2장-쪽파 1줄기-단무지 1줄 -우엉 1줄 순으로 올려 깻잎으로 김밥처럼 돌돌 만다.

3 말아놓은 재료를 밥 위에 올려 김밥을 말고, 총 2줄의 김밥을 만든다.

4 김밥 윗부분에 들기름을 발라 먹기 좋게 썬다.

파프리카보르밥

파프리카 속을 파내고 그 안에 달걀베이컨볶음밥을 푸짐하게 채워낸 파프리카밥은
맛도 좋고 보기에도 좋아 만드는 동안에도, 먹는 동안에도 행복감을 가져다 줘요.
파프리카를 손에 든 채 그대로 한입 베어 물면, 짭조름한 볶음밥의 고소함과
수분 가득한 파프리카의 아삭함을 동시에 느낄 수 있어요. 앞으로 도시락도 예쁘게 만들어 봐요.

○ 현미밥 100g
○ 파프리카 1개
○ 앞다릿살베이컨 2줄
○ 달걀 2개
○ 굴소스 1/3큰술
○ 무가당케첩 1/2큰술
○ 파슬리가루 약간
○ 올리브유 1/2큰술

1 파프리카는 세로로 2등분해 씨를 제거하고, 베이컨은 가늘게 썬다.

2 달군 팬에 올리브유를 두르고 베이컨, 밥을 넣어 볶다가 달걀을 깨 넣고 휘저어가며 볶는다.

3 굴소스, 케첩을 넣고 수분을 날려가며 볶아 식힌다.

4 밥을 2등분해 파프리카 안에 꾹꾹 눌러 담고 파슬리가루를 뿌린다.

피자처럼 파프리카를 손으로 들고 먹어요.

당근라페
잠봉샌드위치

상큼한 레몬즙에 레몬제스트까지 넣어 더 상큼한 디디미니표 당근라페는
그냥 먹어도 맛있지만, 샌드위치에 넣어 먹으면 빛을 발해요. 식빵 사이에
상큼하고 아삭한 당근라페를 듬뿍 넣고, 부드러운 감칠맛을 주는 그릭요거트와 잠봉을 더하면
서로 다른 매력이 뭉쳐 샌드위치 전문점 이상의 환상적인 맛을 경험하게 될 거예요.

✦ 샌드위치 2회 분량
○ 통밀식빵 2장
○ 사각잠봉 7장
   (혹은 닭가슴살슬라이스햄)
○ 슬라이스치즈 1장
○ 청상추 12장
○ 당근라페 1줌(90g)
○ 그릭요거트 4큰술(70g)

✦ 당근라페 3~4회 분량
○ 당근 2개(360g)
○ 레몬제스트 약간(생략 가능)
○ 레몬즙 6큰술
○ 소금 1/3큰술
○ 홀그레인머스터드 1큰술
○ 올리브유 6큰술
○ 알룰로스 2큰술
○ 후춧가루 취향껏

RECIPE 당근라페

1 당근은 스파이럴라이저나 채칼로 가늘게 채 썬다.

2 레몬은 1/2개 분량의 껍질로 제스트를 만들고, 남은 레몬은 레몬즙을 짠다.

3 볼에 당근, 나머지 당근라페 재료를 모두 넣고 잘 섞는다.

MINI'S INFO

상추, 햄, 당근라페 등 샌드위치에 들어가는 모든 재료는 최대한 물기를 제거해 사용해요.

냉장 보관해 일주일 이내에 먹고, 김밥이나 샌드위치, 반찬 등으로 활용해요.

RECIPE 샌드위치

4 마른 팬에서 식빵을 앞뒤로 노릇하게 굽는다.

5 종이포일에 식빵 1장-치즈-상추 3장-잠봉-상추 3장-당근라페- 상추 3장-요거트-상추 3장- 식빵 1장 순으로 올려 포장한다.

6 6:4 비율로 2등분해 큰 쪽은 점심, 나머지는 아침이나 간식으로 먹는다.

삼색오이김밥

서로 다른 색감과 식감을 가진 세 가지 재료가 조화롭게 어우러지는 삼색오이김밥은
고급 한정식집 요리처럼 맛이 고급스러워요. 아삭하고 싱그러운 오이,
부드러운 달걀, 쫄깃한 목이버섯, 여기에 고소한 들기름 향까지 은은하게 퍼져
먹을수록 끌리는 맛이랍니다. 새콤한 초간장이나 고추냉이를 섞은 마요네즈를 곁들여도 맛있어요.

- ○ 김밥김 2장
- ○ 현미곤약밥 140g
- ○ 오이 1개
- ○ 달걀 2개
- ○ 생목이버섯 1줌
  (90g, 혹은 불린 목이버섯)
- ○ 간장 1큰술
- ○ 소금 1/5큰술(허브솔트)
- ○ 들기름 약간
- ○ 올리브유 1큰술

달걀은 소금을 넣어 잘 풀어요.

1 오이는 채칼로 둥글고 얇게 썰어 소금에 버무려 10분간 절이고, 김 1장은 2등분한다.

2 달군 팬에 올리브유 1/2큰술을 두르고 달걀물을 붓고 휘저어 스크램블드에그를 만들어 덜어둔다.

3 같은 팬에 올리브유 1/2큰술을 두르고 버섯, 간장을 넣어 볶는다.

절인 오이의 물기로 김을 이어 붙이면 간이 배어 더 맛있어요.

4 절인 오이는 물기를 꼭 짜고, 김 1/2장 끝에 물을 약간 묻히고 김 1장을 이어 붙여 연장한다.

김밥 윗부분에 들기름을 발라 먹기 좋게 썰어요.

5 밥을 넓게 펴 올리고 남은 김 1/2장-버섯-스크램블드에그-오이 순으로 올려 김밥을 만다.

당근김치오리김밥

당근라페 대신, 좀 더 심플하고 상큼한 맛의 당근김치로 김밥을 만들어 봤어요.
당근김치가 아삭하고 신선한 맛을 담당한다면 훈제오리는 풍미를 주는 역할을 할 거예요.
청양고추는 매콤함으로, 고수는 향긋함으로 김밥을 감싸 어디서도 먹어보지 못한
특별한 김밥이 완성돼요. 당근김치만 만들어 두면 별다른 준비가 필요 없으니 꼭 도전해 봐요.

INGREDIENTS

○ 김밥김 2장

○ 현미곤약밥 150g

○ 당근김치 80g(188쪽)

○ 훈제오리 1봉(150g)

○ 청양고추 1개

○ 고수 3줄기(22g, 혹은 깻잎)

○ 들기름 약간

RECIPE

1 훈제오리는 체에 밭쳐 뜨거운 불을 붓고 데쳐 물기를 빼고, 고추는 길게 2등분하고, 고수는 물기를 뺀다.

2 김 1장은 2등분하고, 김 1/2장 끝에 물을 살짝 묻혀 김 1장을 이어 붙이며 연장한다.

> 김밥 윗부분에 들기름을 발라 먹기 좋게 썰어요.

3 밥을 넓게 펴 올리고 김 1/2장-훈제오리-고추-당근김치-고수를 올려 김밥을 만든다.

✦ 당근김치 ✦

당근김치는 중앙아시아에 거주하는 고려인들이 한국의 김치가 먹고 싶어서
당시에 구할 수 있는 재료들로 만든 음식이라고 해요. 중앙아시아 음식점에서
처음 맛을 보고는 너무 맛있어서 곧바로 연구해 완성한 메뉴예요. 기존의 당근김치보다
짠맛은 줄이고 설탕 대신 대체감미료로 단맛을 낸, 보다 건강한 당근김치랍니다.
당근라페처럼 김밥이나 샌드위치에 활용하거나 반찬으로 곁들여도 아주 좋아요.

○ 당근 2개(550g)
○ 소금 10g
○ 다진 마늘 1큰술
○ 후춧가루 약간
○ 올리브유 6큰술

✦ 양념
○ 소금 5g
○ 고춧가루 1½큰술
○ 라임즙 3큰술
○ 사과식초 2큰술
○ 피시소스 1/3큰술
○ 알룰로스 2큰술

1 당근은 스파이럴라이저나
채칼로 가늘게 채 썬다.

2 볼에 당근, 소금을 넣고 버무려
15분간 절여 물기를 꼭 짠다.

3 달군 팬에 올리브유를 두르고
다진 마늘을 넣어 센 불에 마늘이
노릇해지기 전까지 볶다가 불을
꺼 마늘기름을 만든다.

4 당근에 양념 재료를 넣어 섞고,
마늘기름, 후춧가루를 넣어 잘
섞는다.

완성된 당근김치는 밀폐용기에
담아 하루 정도 냉장 보관한
후에 먹어요.

✦ 응용요리 ✦

186P

당근김치오리김밥

단백질로
든든하게,
설탕 없이
달콤하게

PART 6

제로 간식 & 디저트

순두부아이스크림

아이스크림을 끊기 어려웠던 다이어터라면 이 메뉴에 주목하세요!
디디미니가 부드러운 순두부를 가지고 설탕 하나 없는 식물성단백질 아이스크림을
만들었어요. 순두부와 함께 집에 잔뜩 남아 있는 프로틴을 활용하면 다양한 맛의 아이스크림을
맛볼 수 있어요. 순두부아이스크림만 있으면 오늘부터 1일 1아이스크림이 가능하답니다.

✦ 2~3회 분량

○ 순두부 1봉(350g)

○ 식물성프로틴가루 3큰술
  (45g, 곡물맛)

○ 유기농볶음콩가루
  3큰술(24g)

○ 알룰로스 2큰술
  (취향 따라 1큰술 추가 가능)

○ 견과류 약간

○ 소금 약간

1 푸드프로세서에 순두부, 프로틴, 콩가루, 알룰로스를 넣고 곱게 간다.

2 그릇에 ①을 담아 랩을 씌우고 냉동실에서 2시간 30분 정도 냉동한다.

소금을 약간 뿌리면 짭짤한 맛이 가미되어 '단짠단짠'의 맛이 살아나요.

3 스쿱으로 아이스크림을 퍼 그릇에 담고, 콩가루, 견과류, 소금을 뿌린다.

MINI'S INFO

저는 순두부아이스크림이나 대부분의 요리에 고소한 맛의 곡물맛 프로틴가루가 잘 어울려 즐겨 사용해요. 이외에도 아이스크림에는 녹차맛이나 초코맛 프로틴 등도 잘 어울리니 가지고 있는 다양한 맛의 프로틴을 활용해요.

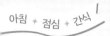

제로초코타르트

다이어트 중에 달콤한 디저트의 유혹에 시달리고 있나요?
그렇다면 제로초코타르트로 죄책감 없는 달콤한 맛을 즐겨 보세요.
노 오븐, 노 밀가루인 고단백 디저트에 믹서와 냉장고만 있으면 만들 수 있어 정말 간편해요.
여러 개 만들어서 냉동해 두면 디저트로도, 한 끼 식사로도 손색없어요.

✦ 2~3회 분량
○ 통밀과자(핀크리스프)
　18개(100g)
○ 코코넛오일 5큰술(반죽용)
○ 무가당땅콩버터 2큰술
○ 소금 약간

✦ 초코필링
○ 식물성프로틴가루 6큰술
　(90g, 초코맛)
○ 무가당코코아가루
　1½큰술(10g, 생략 가능)
○ 소금 약간
○ 코코넛오일 5큰술(필링용)
○ 식물성음료 1컵(200ml,
　혹은 무가당두유, 우유)

1 푸드프로세서에 통밀과자를
넣고 곱게 간다.

2 볼에 ①을 담고 액체 상태의
코코넛오일 5큰술(반죽용),
땅콩버터, 소금을 넣고 잘 섞어
반죽을 만든다.

3 반죽을 5등분 해 실리콘머핀틀
5개에 오목하게 채워 넣고 잠시
냉동실에 넣어 둔다.

4 볼에 초코필링 재료의 프로틴,
코코아가루, 소금을 넣어 잘
섞고, 코코넛오일(필링용),
식물성음료를 조금씩 넣어가며
필링을 만든다.

> 액체류는 한 번에 다 넣지 않고
> 필링의 농도를 보며 여러 번
> 나누어 넣어요. 유청프로틴을
> 사용할 때도 액체류를 가감해요.

> 간식으로는
> 1개, 식사로는
> 2~3개 먹어요.

5 냉동 보관한 반죽을 꺼내
초코필링을 나누어 올리고 다시
1시간 이상 냉동 보관했다 꺼낸
후 실리콘틀을 제거한다.

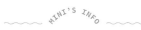

MINI'S INFO

꼭 초코맛이 아니더라도
다양한 맛의 프로틴가루를
활용해 필링을 만들어 보세요.
곡물맛과 땅콩버터를 섞으면
피넛버터타르트가 되고, 쑥맛을
섞으면 쑥타르트를 만들 수 있어요.

프로틴당근케이크

촉촉하고 달콤하면서도 적당히 밀도 있는 당근케이크. 좋아하는 분들이 많을 거예요.
그렇지만 당근케이크에도 은근히 설탕이 많이 들어가요. 그래서 다양한 재료를 활용해
속세맛은 그대로 살리면서 꾸덕꾸덕한 질감을 재연하고 단백질까지 풍부하게 든,
건강 케이크를 고민했어요. 포만감이 있어 간식이나 식사 대용으로도 참 좋아요.

INGREDIENTS

✦ 2~3회 분량

○ 당근 1/3개(85g)

○ 삶은 고구마 150g

○ 아몬드 30g
  (혹은 호두, 견과류)

○ 달걀 2개

○ 식물성프로틴가루 3큰술
  (45g, 곡물맛)

○ 시나몬가루
  1큰술+약간(토핑용)

○ 그릭요거트 3큰술

○ 올리고당 1/2큰술

○ 소금 약간

○ 올리브유 1/2큰술

RECIPE

아몬드 대신 다른 견과류를
사용해도 좋아요. 호두를
가장 추천해요.

1 당근, 아몬드는 최대한 잘게
다진다.

2 볼에 삶은 고구마의 껍질을 벗겨
넣어 으깨고, 당근, 아몬드, 달걀,
프로틴, 시나몬가루, 소금을 섞어
시트 반죽을 만든다.

젓가락이나
이쑤시개로 찔러
반죽이 묻어나지
않으면 당근시트가
잘 익은 거예요.

3 내열용기에 올리브유를
바르고 반죽을 평평하게 담아
전자레인지에서 2분씩 4번
가열해 총 8분간 익힌다.

4 볼에 요거트, 올리고당을 넣고
잘 섞는다.

밀폐용기에 넣어 하루
정도 냉장 보관해 먹으면
꾸덕꾸덕해져서
더 맛있어요.

5 당근시트를 저미듯 가로로
2등분해 시트-요거트-시트-
요거트 순으로 겹겹이 쌓아
올리고 시나몬가루, 당근 조각
등을 토핑한다.

브로콜리스쿱파이

브로콜리와 감자, 치즈, 여기에 생닭가슴살까지 들어가 맛과 영양이 풍부한
브로콜리스쿱파이는 모든 재료를 갈아서 구우면 완성되는 초간단 레시피예요.
밀가루가 들어가지 않았지만 겉은 바삭하고 속은 촉촉해서 맛 또한 끝내주죠.
여기에 요거트소스까지 곁들이면 맛이 한결 고급스러워져요. 바쁜 아침에 잊지 말고 챙겨 가세요.

✦ 2~3회 분량

○ 데친 브로콜리 105g
○ 생닭가슴살 200g
○ 감자 180g
○ 청양고추 1개(생략 가능)
○ 피자치즈 30g
○ 그릭요거트 1큰술(듬뿍)
○ 홀그레인머스터드 1/2큰술
○ 소금 약간
○ 파슬리가루 약간
○ 올리브유 1/2큰술

1 푸드프로세서에 데친 브로콜리,
고추를 넣고 곱게 갈다가 감자,
생닭가슴살을 한입 크기로 썰어
넣고 함께 간다.

2 볼에 ①, 피자치즈, 소금을 넣고
잘 섞어 반죽을 만든다.

3 종이포일에 올리브유를 바르고
스쿱이나 숟가락으로 반죽을
동그랗게 떠 올린다.

4 요거트, 머스터드를 섞어 소스를
만든다.

5 에어프라이어 180℃에서
10분간 구운 후 뒤집고, 다시
10분간 더 구워 소스를 얹는다.

소스 위에
파슬리가루를
토핑해요.

단백떡

쫄깃쫄깃 씹는 맛이 좋은 떡은 머릿속에 떠올리기만 해도 먹고 싶지만,
다이어트 중엔 최대한 피해야 하는 고탄수화물 식품이에요. 하지만 이젠
탄수화물 대신 식물성단백질 두부를 활용해 만든 다이어트 떡으로 쫀득한 식감을 즐겨 봐요.
속세 인절미가 부럽지 않은 맛에 살은 쏙 빠지는 마법의 레시피랍니다.

- 두부 2/3모(215g)
- 식물성프로틴가루(곡물맛)
  2큰술(23g, 반죽용)+
  적당량(고물용)
- 타피오카전분 2큰술
- 퀵오트밀 2큰술

1 두부는 포크로 으깨고,
프로틴(반죽용), 전분, 오트밀을
넣고 잘 섞어 반죽을 만든다.

2 ①을 전자레인지에서 90초간
가열하고 꺼내어 치댄 후 다시
90초간 더 가열한다.

3 도마에 프로틴(고물용)을
뿌리고 반죽을 길게 늘어뜨린 후
반죽 위에 다시 프로틴을 뿌려
골고루 묻힌다.

4 떡을 돌돌 굴려 길게 늘이고,
가위로 한입 크기로 자른다.

전자레인지당근칩

맥주 안주로 즐기던 편의점 감자칩이 생각날 땐 당근을 활용해 보세요.
당근과 올리브유, 전자레인지만 있으면 금세 만들 수 있는 초간단 당근칩이
기름에 튀긴 감자칩을 잊게 해줄 거예요. 바삭하게 구운 당근칩에
취향에 따라 소금이나 후춧가루, 파프리카가루 등을 뿌려 다양한 맛으로 즐겨요.

INGREDIENTS

○ 당근 1/3개(100g)
○ 소금 1/4~1/3큰술
○ 올리브유 2큰술

RECIPE

1 당근은 둥글고 얇게 썰고, 소금, 올리브유를 넣어 버무린다.

2 내열용기에 종이포일을 깔고 당근을 겹치지 않게 펼친다.

3 전자레인지에서 3분간 가열해 접시와 포일 사이의 물기를 제거하고, 버무릴 때 그릇에 남은 올리브유를 마저 뿌린다.

4 다시 전자레인지에서 3~4분씩 2번 더 가열해 총 10분간 가열한다.

총 3번으로 나눠 가열하면서 매번 접시와 포일 사이의 물기를 꼭 제거해 주세요.

떠먹는
고단백케이크

쫀득한 시트에 크림이 듬뿍 올라간 떠먹는고단백케이크에는 딸기가 듬뿍 들어가
한입 가득 입에 넣으면 마치 딸기생크림케이크를 먹는 것 같아요.
저의 최애 디저트 레시피이기도 한 이 케이크는 시트부터 크림까지
식물성프로틴으로 모두 만들 수 있어, 단백질을 듬뿍 섭취할 수 있는 기특한 메뉴랍니다.

✦ 1~2회 분량

○ 딸기 2개

✦ 크림

○ 그릭요거트 2큰술
　(묽은 제품)

○ 식물성프로틴가루 2큰술
　(30g, 곡물맛)

✦ 반죽

○ 식물성프로틴가루 1½큰술
　(20~25g, 곡물맛)

○ 퀵오트밀 3큰술(17g)

○ 식물성음료 4큰술
　(혹은 무가당두유, 우유)

○ 알룰로스 2큰술

○ 코코넛오일 1큰술

○ 소금 약간

○ 달걀 1개

1 딸기 1개는 세로로 2등분하고, 2등분한 1조각과 나머지 1개는 굵게 다진다.

> 너무 뻑뻑한 그릭요거트보다는 묽은 제품을 사용해요. 일동후디스 제품을 사용했어요.

2 크림 재료를 잘 섞어 크림을 만든다.

> 코코넛오일은 생략해도 되지만, 넣으면 시트가 더 부드러워져요.

3 내열용기에 반죽 재료를 넣고 섞어 전자레인지에서 90초, 다시 60초간 가열해 총 2번에 나누어 가열한다.

> 식사로는 다 먹고 간식으로는 2회에 나눠 먹어요.

4 시트 위에 잘게 자른 딸기를 펼쳐 올리고 크림을 덮어 나머지 딸기를 토핑한다.

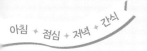
바스크요거트케이크

죄책감 없는 달콤한 맛의 케이크를 원한다면 치즈가 안 들어간 치즈케이크를 추천해요.
잘 삶아 으깬 고구마가 부드러운 식감과 함께 자연스러운 단맛을 내고,
그릭요거트가 싱그러운 풍미를 더해 치즈가 없어도 바스크치즈케이크 같은 풍부한 맛을 완성해요.
너무 달지 않아 오히려 더 생각나는 디저트에 아메리카노 한 잔을 곁들이면 여기가 바로 천국!

✦ 2~3회 분량

○ 삶은 고구마 120g
  (껍질 깐 것)
○ 그릭요거트 450g
  (묽은 제품)
○ 달걀 2개
○ 스테비아 25g
○ 타피오카전분 1큰술(13g)
○ 베이킹파우더 1꼬집
○ 바닐라에센스 3g
○ 소금 약간

1 삶은 고구마는 껍질을 벗겨
포크로 으깬다.

2 고구마에 달걀, 요거트를
넣어 섞다가 스테비아, 전분,
베이킹파우더, 바닐라에센스,
소금을 섞어 반죽을 만든다.

> 반죽을 붓고 틀을
> 바닥에 탕탕 내려쳐
> 반죽의 공기를
> 빼줘요.

3 케이크틀에 종이포일을 깔고
반죽을 붓는다.

4 에어프라이어를 180℃로
5분간 예열하고, 반죽을 넣어
150℃에서 40분, 160℃에서
20분간 더 굽는다.

MINI'S INFO

그릭요거트

바스크요거트케이크를 만들 때
사용하는 그릭요거트는 물기가
없어 너무 꾸덕꾸덕한 것보다는
약간 묽은 제품이 좋아요.
저는 일동후디스 그릭요거트를
사용했어요.

5 케이크를 틀에서 빼 실온에서
한 김 식힌 후 90분간 냉장
보관하고, 일주일간 2~3회에
나누어 먹는다.

> 반죽을 젓가락으로
> 찔렀을 때 묻어나지 않으면
> 다 익은 거예요.
> 에어프라이어마다 온도가 다르니
> 중간중간 살펴가며 구워요.

고단백감자빵

감자를 닮은 모양에 겉은 쫀득하고 속은 고소하고 달콤한 감자빵이 유행이죠?
너무 맛있는 빵이지만, 혈당을 빠르게 올리는 찹쌀이 들어간 데다 단백질이 전혀 없어서
다이어트 중에 먹으면 살 찔 확률이 큰 음식이죠. 그래서 감자에 프로틴을 더하고 찹쌀 대신
라이스페이퍼를 활용해 저탄수, 고단백의 감자빵을 개발했어요. 앞으로는 빵 욕구가 와도 문제 없어요.

○ 감자 2개(192g)

○ 쪽파 1줄기

○ 현미라이스페이퍼 2장

○ 식물성프로틴가루(곡물맛)
  2큰술(반죽용)+
  1큰술(고물용)

○ 무염버터 1조각(10g)

○ 식물성마요네즈 1큰술

○ 소금 1/3큰술

○ 후춧가루 취향껏

1 감자는 껍질을 벗겨 크게 깍둑
썰고, 쪽파는 송송 썬다.

2 끓는 물에 감자를 넣고 15분간
삶아 물기를 뺀다.

> 식물성프로틴이 없을 땐
> 콩가루, 단맛을 내는 가루형
> 대체감미료(스테비아 등)를
> 함께 넣어요.

3 삶은 감자는 식기 전에
으깨고, 쪽파, 버터, 마요네즈,
프로틴(반죽용), 소금,
후춧가루를 넣고 잘 섞어 반죽을
만든다.

4 접시에 프로틴(고물용),
후춧가루를 넣고 잘 섞는다.

5 라이스페이퍼를 따뜻한 물에
담갔다 빼 펼치고, 감자반죽
1/2 분량을 넣고 둥글게 잘 감싸
총 2개의 감자빵을 만든다.

6 감자빵에 프로틴 고물을 골고루
묻힌다.

양파잼토스트

집에 양파가 가득할 때는 양파잼토스트에 도전해 보세요.
볶으면 볶을수록 단맛이 나는 양파와 고소한 맛의 단백질파우더를 활용하면
영양이 풍부하고 색다르게 맛있는 프로틴양파잼을 만들 수 있어요. 통밀식빵에
양파잼을 듬뿍 바르고 치즈와 달걀을 올리면 입안에서 '단짠단짠' 파티가 열려요.

○ 통밀식빵 1장
○ 달걀 1개
○ 슬라이스치즈 1장
○ 파슬리가루 약간
○ 올리브유 1/2큰술

✦ 양파잼 2회 분량
○ 양파 1개
○ 식물성프로틴가루 2큰술
　（30g, 곡물맛）
○ 소금 약간
○ 물 1/3컵
○ 코코넛오일 2큰술
　（혹은 올리브유）

1 양파는 채칼로 얇고 둥글게 슬라이스한다.

2 달군 팬에 코코넛오일을 넣고 양파가 노릇해질 때까지 볶아 불을 끄고 잠시 둔다.

3 볼에 프로틴, 소금, 물을 넣고 섞어 ②의 양파 팬에 넣고, 다시 중불에서 졸이듯 섞어가며 볶아 양파잼을 만든다.

4 마른 팬에서 식빵을 앞뒤로 노릇하게 구워 덜어두고, 같은 팬에 올리브유를 두르고 달걀프라이를 만든다.

남은 양파잼은 열탕 소독한 밀폐용기에 담아 냉장 보관해 일주일 내에 먹어요.

5 접시에 식빵-치즈-양파잼 1/2 분량-달걀프라이를 올리고 파슬리가루를 뿌린다.

제로에그타르트

부드럽고 달콤한 맛의 에그타르트를 이제 다이어트 중에도 마음 놓고 먹을 수 있어요.
단호박의 은은한 단맛과 식물성프로틴의 풍부한 영양이 어우러진 타르트 반죽에
설탕 대신 알룰로스로 맛을 낸 부드러운 필링의 조화! 오리지널 에그타르트와는
또 다른 매력을 가진 제로에그타르트로 건강한 달콤함을 누려 보세요.

INGREDIENTS

✦ 2~3회 분량

- ○ 익힌 단호박 175g (껍질 벗긴 것)
- ○ 식물성프로틴가루 3큰술 (45g, 곡물맛)
- ○ 달걀노른자 5개
- ○ 소금 약간
- ○ 알룰로스 2큰술
- ○ 식물성음료 2/3컵(135ml, 혹은 무가당두유, 우유)
- ○ 올리브유 1/2큰술

RECIPE

1 익힌 단호박은 껍질을 벗겨 포크로 으깬다.

유청프로틴은 끈적이는 성질이 있으니 식물성프로틴을 사용해요.

2 단호박에 프로틴, 소금을 넣어 섞다가 달걀노른자 1개를 넣고 치대어 타르트반죽을 만든다.

달걀, 식물성음료는 실온에 두고 미지근한 상태로 사용해요.

3 다른 볼에 달걀노른자 4개, 알룰로스를 넣어 잘 섞고, 계속 저어가며 식물성음료를 조금씩 나누어 섞어 에그필링을 만든다.

4 반죽을 5등분 해 올리브유를 바른 실리콘머핀틀 5개에 오목하게 채워 넣는다.

에어프라이어마다 온도의 차이가 있으니 중간중간 타지 않게 확인하며 시간을 가감해요.

5 반죽 위에 에그필링을 나누어 붓고, 에어프라이어 160℃에서 10분, 위치를 바꿔 3~5분간 더 굽는다.

6 한 김 식히고 간식으로 1~2개, 끼니로 3~4개씩 먹는다.

MINI'S INFO

단호박 익히는 법

단호박의 속을 파낸 후 내열용기에 단호박, 물 3큰술을 넣고 뚜껑을 비스듬히 덮어 전자레인지에서 3분간 가열해요. 혹은 단호박을 찜기에 넣어 뚜껑을 덮고 센 불에서 10분간 가열 후 3분간 뚜껑을 덮은 채 뜸을 들여 사용해요.

✦ 바질오이겉절이 ✦

'먹잘알' 방송인 이영자 님이 TV 프로그램에서 선보인 바질 김치가
너무 맛있어 보여서, 디디미니식으로 더 건강하게 바꾸어 만들어 봤어요.
물론 결과는 대성공이랍니다! 향긋한 바질과 수분 가득한 오이, 자극적이지 않은
겉절이 양념이 조화롭게 어우러져 자꾸 생각나는 맛이에요.

INGREDIENTS

○ 오이 2개
○ 바질 20g

✦ 양념
○ 다진 마늘 1/2큰술
○ 고춧가루 1½큰술
○ 간장 1큰술
○ 들기름 1큰술
○ 된장 1/2큰술
○ 알룰로스 1½큰술
○ 깨 1큰술

RECIPE

오이를 때린 뒤 썰면 수분감이 많아지고 향이 살아나요. 바질 대신 깻잎을 넣어도 잘 어울려요.

1 칼등으로 오이를 두들긴 후 한입 크기로 썰고, 바질은 먹기 좋게 다듬어 썬다.

2 양념 재료는 잘 섞는다.

3 볼에 오이, 양념을 넣고 비비듯 버무린다.

바질은 너무 오래 무치면 짓이겨지니 살짝만 버무려요.

4 마지막에 바질을 넣고 가볍게 섞는다.

✦ 브로콜리기둥장아찌 ✦

브로콜리 기둥이라 불리는 줄기 부분. 혹시 안 먹고 버리시나요?
알고 보면 브로콜리 봉오리만큼이나 식이섬유와 영양이 풍부한 부분이 바로 기둥이에요.
그 어느 장아찌보다 영양이 풍부하고 식감까지 오독하니 앞으론 버리지 말고 이 레시피를 활용해요.
너무 맛있어서 인생 장아찌로 등극할거라 자부해요!

INGREDIENTS

○ 브로콜리 기둥 3개
  (줄기 부분)
○ 양파 2개

✦ 절임간장
○ 다시마 5장(1장=2×4cm)
○ 간장 1컵(200ml)
○ 물 1컵(200ml)
○ 참치액 1/2컵(100ml)
○ 알룰로스 1½컵(300ml)
○ 식초 1컵(200ml)

RECIPE

1 브로콜리의 두꺼운 기둥은 필러로 껍질을 살짝 벗겨 깍둑 썰고, 양파도 같은 크기로 썬다.

2 열탕 소독한 유리밀폐용기에 브로콜리, 양파를 넣는다.

3 냄비에 식초를 제외한 절임간장 재료를 모두 넣어 중불에서 끓이고, 끓어오르면 불을 끄고 식초를 섞는다.

4 재료가 담긴 용기에 뜨거운 절임간장을 붓고, 뚜껑을 열고 완전히 식힌다.

5 실온에 반나절 정도 두었다가 냉장 보관해 24시간 이상 숙성한 후 먹는다.

＼ 디디미니의 ／

맛있어서 평생 습관 되는
다이어트 레시피

초판 1쇄 인쇄 2024년 6월 7일
초판 1쇄 발행 2024년 6월 17일

지은이 미니 박지우
펴낸이 이경희

펴낸곳 빅피시
출판등록 2021년 4월 6일 제2021-000115호
주소 서울시 마포구 월드컵북로 402, KGIT 19층 1906호

© 미니 박지우, 2024
ISBN 979-11-94033-10-3 13590